綠意盎然的微型庭園

苔蘚園藝指南

大野好弘

簡單明瞭！
**也能透過影片
學習「基本種法」**

楓葉社

Contents

［本書的使用方法］

Chapter 1是關於苔蘚的基本種法與栽培重點的詳細說明。Chapter 2使用豐富的照片，為讀者解說如何輕鬆做出生態瓶。Chapter 3介紹苔球、苔蘚盆栽與組盆的製作方式以及範例。Chapter 4介紹如何運用苔蘚，在盆器或庭院裡打造微型庭園風格以及範例。Chapter 5的苔蘚圖鑑列出園藝上會使用到的苔蘚資料、特徵以及栽培上的建議。至於科名等名稱，則是以採納生物分類學研究成果的APG分類法為準則。Chapter 6介紹日本國內與海外觀賞苔蘚的好地點與原生地。Chapter 7記載苔蘚園藝常見問題的基本解決方法與栽培重點。

＊植物的資料與培育方式以關東平原以西為基準。

＊影片方面

P.6～7的〈療癒滿分微型苔蘚〉以及P.16～19的〈基本種植方法1〉、〈基本種植方法2〉有附影片。

●掃描QR Code或輸入網址，即可連上影片分享網站（YouTube）。
〈賞玩苔蘚〉https://youtu.be/aZFZ58V-4EM
〈基本種植方法1〉https://youtu.be/h2aZzCW4KjA
〈基本種植方法2〉https://youtu.be/HW-y4wFqdcU
另外，影片分享網站有時會因為網站的狀況，未預先告知就變更或移除影片。如有造成不便，還請見諒。

●QR Code是Denso Wave公司的註冊商標。

Chapter 1

苔蘚的
基本種植方法
與培育方式

療癒滿分
微型苔蘚

　　仔細瞧瞧鮮綠水嫩的苔蘚，就會發現每株都是獨一無二的個體。它們群集叢生，彷彿微型森林。

　　苔蘚不僅生長於森林或林地，路邊或庭院角落等生活周遭，都能見到它們的蹤跡。只要掌握技巧，無論室內、陽台或露台都能種植，如果能打造出微型庭園，也非常不錯。要不要試著用各種方法來栽種、賞玩苔蘚呢？光是看著苔蘚，就會感到心頭暖暖的，不知不覺就找回了心中的平靜。

看看影片吧！
賞玩苔蘚

https://youtu.be/aZFZ58V-4EM

　　梨蒴珠苔在國外被稱為「Apple Moss」，日本各地都能看到它的蹤跡。梨蒴珠苔在山崖或坡地等，略微乾燥的半日照之處形成圓形群落。冬季到春季期間，在莖條前端長出的黃綠色圓形孢子囊，十分可愛。

生態瓶
➡ P.16（有附影片）、
30～

生態模型風格的苔盆
➡ P.90～

使用手邊
現成容器
➡ P.34～

苔球
➡ P.54～

苔蘚盆栽
➡ P.60、125

苔蘚與
山野草的組盆
➡ P.68～

箱庭風格與
苔蘚生態缸
➡ P.46～

微型苔蘚
庭園風格
➡ P.94～

盤子上的
苔蘚森林
➡ P.82～

什麼是苔蘚？

遠古時期的植物之一
可分成三大類群

　　在很久很久以前，苔蘚在進化過程中從水中遷徙至陸地，據說苔蘚是遠古時期的植物之一。苔蘚缺乏用於吸收水分的根部，也沒有可運輸水分與養分的維管束，用來防止水分蒸發的角質層也不發達。苔蘚靠著假根，把自己固定在土中，或附著於岩石上，全身皆可攝取水分與養分，並進行光合作用。當水分不夠就會乾掉，進入半休眠狀態，直到獲得水分供應為止。

　　全世界大約有2萬種苔蘚，分布在日本的有1700種。苔蘚可分成苔蘚植物門（蘚類）、地錢門（苔類）以及角蘚門（角蘚類）這3大類群。日本國內的苔蘚，以苔蘚植物門（蘚類）最多，大約有1100種。主要品種是檜葉金髮蘚（Polytrichum juniperinum）與砂蘚（Racomitrium canescens），又可分成具備莖葉體的直立型以及匍匐型。次多的是地錢門（苔類），日本約有620種。主要品種是地錢（Marchantia polymorpha）與蛇苔，又可分成具備莖葉體的類型，以及葉狀體組織分化的類型等。角蘚門（角蘚類）在日本大約有20種，具備葉狀體，植株內部有跟藍綠菌＊共生的腔室，共生時外觀會呈現藍綠色。

＊進行光合作用的單細胞生物

上圖為長出孢蒴與蒴柄的仙鶴苔（Atrichum undulatum）。這是春秋兩季常見的景象。

蛇苔是地錢門（苔類）的植物，具有鱗片般的葉狀體。

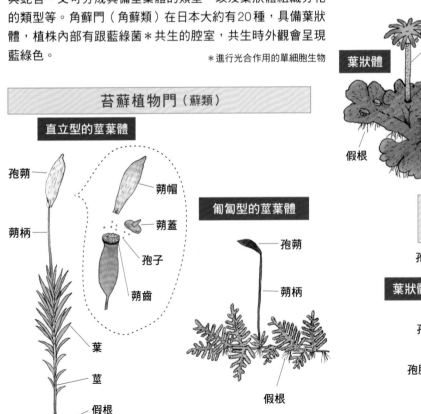

苔蘚植物門（蘚類）

直立型的莖葉體

- 孢蒴
- 蒴柄
- 蒴帽
- 蒴蓋
- 孢子
- 蒴齒
- 葉
- 莖
- 假根

匍匐型的莖葉體

- 孢蒴
- 蒴柄
- 假根

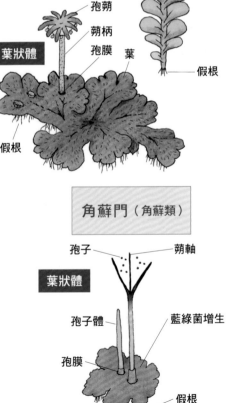

地錢門（苔類）

- 孢子
- 孢蒴
- 蒴柄
- 莖葉體
- 側葉
- 孢蒴
- 蒴柄
- 孢膜
- 葉狀體
- 葉
- 假根

角蘚門（角蘚類）

- 孢子
- 蒴軸
- 葉狀體
- 孢子體
- 藍綠菌增生
- 孢膜
- 假根

透過苔蘚的生命週期
了解其生育過程

　　苔蘚如何度過一生？以下舉苔蘚植物門（蘚類）金髮蘚科的植物為例，以插圖簡單說明。

　　孢子發芽後不斷進行細胞分裂，形成綠色且呈絲狀的原絲體。原絲體發育並長出分枝，萌生許多莖葉體的芽體。這些芽體發育成配子體，並在莖上形成藏精器與藏卵器。藏精器與藏卵器都由同一個配子體形成，即為雌雄同株。像插圖這樣，分別由不同的配子體形成的則是雌雄異株。成熟的藏精器產生的精子，會借助水的力量抵達藏卵器並進行受精。受精卵發育為胚，在藏卵器裡不斷進行細胞分裂以發育為孢子體。成熟的孢子體前端形成孢蒴，孢蒴則會產生孢子。

　　另外，苔蘚只要有一部分的葉片或莖條，就能形成新的莖葉體，因此可利用這項特性，將苔蘚切碎後撒在土裡即可繁殖。苔蘚就像這樣，順應環境的變化來增生繁殖。

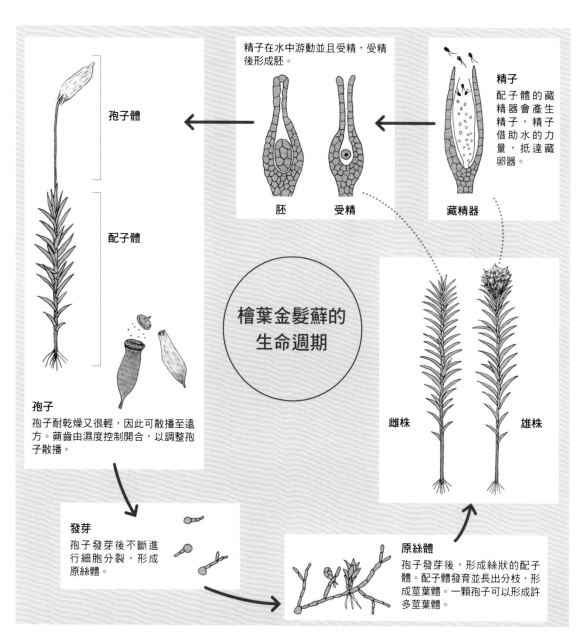

精子在水中游動並且受精，受精後形成胚。

孢子體

配子體

胚　　受精

精子
配子體的藏精器會產生精子，精子借助水的力量，抵達藏卵器。

藏精器

檜葉金髮蘚的
生命週期

雌株　　雄株

孢子
孢子耐乾燥又很輕，因此可散播至遠方。蒴齒由濕度控制開合，以調整孢子散播。

發芽
孢子發芽後不斷進行細胞分裂，形成原絲體。

原絲體
孢子發芽後，形成絲狀的配子體。配子體發育並長出分枝，形成莖葉體。一顆孢子可以形成許多莖葉體。

主要使用的
苔蘚種類與特徵

依照乾燥、潮濕狀態
有不同的應用方式

　　表格彙整本書中登場的主要幾種苔蘚的特性，請作為栽種時的參考（也請參考 P.100～）。

南亞白髮蘚

乾掉就會變白，濕潤時則為明亮的綠色，形成圓形群落。

喜愛乾燥
喜愛濕氣

適用於
生態瓶、苔庭（遮蔭處）、盆栽、組盆

梨蒴珠苔

初春時，結出如同青蘋果般的圓形孢子囊，形成蓬鬆的圓形群落。

喜愛乾燥
喜愛濕氣

適用於
附蓋生態瓶

白氏苔

深綠色的葉片短而有光澤，就算乾掉也沒什麼變化。

喜愛乾燥

適用於
開口型生態瓶、盆栽、組盆

大焰蘚

葉片前端略有捲曲，葉片帶有紅色，乾燥時捲曲皺縮。

喜愛濕氣

適用於
生態瓶、苔庭（半陰處）、盆栽、組盆

短肋羽蘚

外型如蕨類，小葉片的顏色因環境而變化，介於黃綠色與綠色之間。

喜愛濕氣
喜愛潮濕狀態

適用於
生態瓶、水陸缸、苔庭（半陰處）、盆栽、組盆、苔球

東亞萬年苔

外型有如椰子樹一般，葉片是綠色葉片，莖條則是有光澤的紅褐色。

喜愛濕氣
喜愛潮濕狀態

適用於
附蓋生態瓶

蛇苔

葉面有如蛇皮，葉片為苔綠色，摘下葉片可聞到柑橘類的香氣。

喜愛濕氣
喜愛潮濕狀態

適用於
附蓋生態瓶

日本曲尾苔

蓬鬆如同尾巴，葉片是綠色的，很柔軟，還有白色假根。

喜愛濕氣

適用於
生態瓶、苔庭（遮蔭處）、盆栽、組盆

緣邊走燈苔

卵形葉片為明亮的綠色，雄株的雄器托看起來像是盛開的花朵。

喜愛潮濕狀態

適用於
生態瓶、苔庭（高濕度）、
盆栽、組盆

東亞砂蘚

葉片在乾燥時扭曲皺縮，濕潤時則舒展為黃綠色的星形葉片。

喜愛乾燥

適用於
生態瓶、苔庭（半陰處）、
盆栽、組盆

暖地大葉苔

外型像撐開的傘，單一植株算大型品種，像盛開的綠色玫瑰。

喜愛濕氣
喜愛潮濕狀態

適用於
附蓋生態瓶

大灰苔

陽光直射處也能生長，乾燥時皺縮變黃，濕潤時則為明亮的綠色。

喜愛濕氣

適用於
生態瓶、苔庭（陽光直射處）、盆栽、組盆、苔球

大葉鳳尾苔

外型如鳳凰的羽毛，綠色葉片在沒有濕氣時皺縮，並且變成暗綠色。

喜愛潮濕狀態

適用於
附蓋生態瓶

鼠尾蘚

挺直的葉片看來就像是老鼠尾巴，就算乾掉，形狀也幾乎沒變化。

喜愛濕氣

適用於
附蓋生態瓶

節莖曲柄苔

深綠色針狀葉的前端為筆狀，乾燥的時候會呈暗綠色。

喜愛濕氣

適用於
開口型生態瓶、苔庭（半陰處）、盆栽、組盆

曲尾苔

綠色短針葉全都朝向同一個方向，強烈的光照會使其枯萎。

喜愛濕氣

適用於
生態瓶、苔庭（遮蔭處）、
盆栽、組盆

便利的工具與使用方式

選購工具時
應考量到功能與用途

　　以下介紹在種植苔蘚與其他植物苗時會用到的工具，這些工具也能在網路上買到。不管是什麼工具，都應該選擇好抓握、好操作的。手上有個好工具，不僅種起來有效率，也能減輕手部負擔，而更能樂在其中。

　　鑷子以20～25公分的長度最好用，建議購買直尖頭，並且前端內側附有止滑功能。有些園藝鑷子有雙頭設計，尾端的扁匙可在種入苔蘚或鋪設砂礫時派上用場。要是買不到一體成型的雙頭設計，也可以分別購買鑷子與扁匙。

　　刀刃小的剪刀比較好用，因為可以看著苔蘚來修剪。筒型鏟以小而細者為佳。

　　噴霧瓶最好選擇可以倒著噴而且噴頭可調整、可噴出細緻噴霧的類型。

　　另外，鋪設砂礫時也可以使用湯匙。

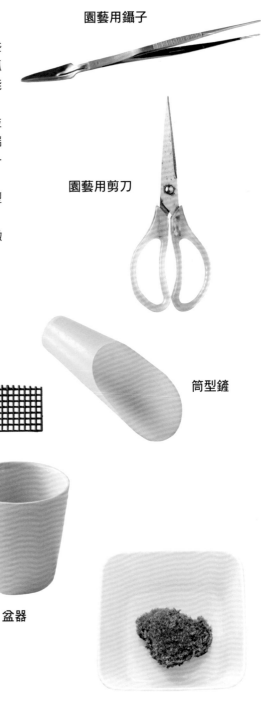

園藝用鑷子

園藝用剪刀

筒型鏟

盆底網

噴霧瓶

澆水瓶

盆器

小碟子

基本用土與小石頭、砂礫

選擇合適的栽培用土
就能長久賞玩苔蘚

　　本書建議使用小粒的硬質赤玉土作為栽培用土，這樣的話不管是誰，都能輕鬆種出長得好又活得久的苔蘚。赤玉土有軟質與硬質之分，市面上標示為「赤玉土」的商品，大多是價格便宜的軟質赤玉土，雖然容易取得，但淋濕後容易碎裂。使用不易碎裂的硬質赤玉土來種植，就能長久賞玩苔蘚。要是買不到硬質赤玉土，那就選擇燒成赤玉土吧。

　　另外，苔蘚大多為弱酸性，不喜歡鹼性物質。要是像在照顧花草那樣地添加燻炭等鹼性物質，容易對苔蘚造成傷害。

　　在栽培用土上鋪設砂礫，可避免苔蘚吸收多餘的水分，炎炎夏日也能幫助苔蘚降溫。

　　本書當中在製作苔球時，是把泥炭土當成貼附苔蘚的黏著劑。泥炭土完全乾掉就不太會吸水，所以要放入密封袋裡妥善保存。

栽培用土

小粒的
硬質赤玉土

泥炭土

小石頭與砂礫

各種砂礫
（白色大理石）

小石頭

砂礫

魚缸底砂
（麥飯石）

購入苔蘚以及栽種前的準備

根據是野生苔蘚還是人工培育品判斷是否需要預做準備

　　市面上販售的苔蘚，分成山上自然生育的苔蘚，以及人工培育品。建議使用馬上就能拿來種植的人工培育品。要是不知道自己買的是哪種，可將苔蘚翻面檢查，假根那一帶有沒有樹皮、樹葉、樹枝等。如果有，就要先清掉才能使用。

　　在野外或山區採到野生苔蘚後，必須立即清洗，清除苔蘚裡面的雜質，並且放上幾天之後才能使用。

在網路上購買的人工培育苔蘚，依照種類分別包裝，直接就可以拿來種植。

購入野生苔蘚後的準備工作　在園藝店買到的苔蘚，難以判斷是野生的，還是人工培育的。

1
拆開外包裝，把裡面的苔蘚放到小碟子上。

2
翻面之後發現假根那一帶有樹皮、樹根等，所以這是在山上自然生育的野生苔蘚。

3
乾掉就會變白，所以清除樹皮、樹根之後，就要放進小碟子裡，並給予水分。

4
吸水後膨脹，並恢復成綠色，這樣的狀態就可以拿來種植。

採到苔蘚後的準備工作　採集苔蘚應從假根下方挖取，裡面也夾雜著枯葉跟雜草。

南亞白髮蘚

1
清除樹枝與枯葉等。

2
用鑷子夾出苔蘚裡面的樹枝等。

3
變成褐色以及腐爛的部分已經清除。

4
用水清洗後輕輕甩乾，擺在遮蔭處3天。若沒有腐爛或變色，就可以拿來使用。

3天後

短肋羽蘚

1
使用鑷子，夾出雜草與雜質。

2
將變成褐色、腐爛的部分與枯葉等清除乾淨。

3
用流動的水洗去雜質，注意不要讓小碟子上的苔蘚被沖走。

4
把小碟子裡面的水分輕輕甩乾，擺在遮蔭處3天。若沒有腐爛或變色，就可以拿來使用。

3天後

苔蘚的基本種植方法

正確使用鑷子夾取苔蘚

除非是要打造微型庭園，否則在容器或花盆裡種入苔蘚時，使用鑷子可以做出更好看的作品。用鑷子夾起苔蘚或栽種苔蘚時，有一些地方要注意。夾起苔蘚時，請依照苔蘚的類型，參考右側照片，分別使用不同的技巧。

苔蘚栽種深度

本書建議在栽培用土上鋪設砂礫等介質，從砂礫上方種入苔蘚。把苔蘚的假根深深地種植進去，直到埋入砂礫下面的栽培用土當中為止。

苔蘚栽種重點

如何用鑷子夾著苔蘚插進土裡是有訣竅的，若沒有用正確方式，苔蘚就會長不好。

細長型

用鑷子橫向夾著苔蘚，就沒辦法把苔蘚深深埋入土裡，而且緊夾著根部會把苔蘚弄斷。

把苔蘚夾在鑷臂之間，苔蘚的下緣跟鑷子前端對齊，就能確實地把苔蘚種進土裡。

大型品種

用鑷子橫向夾著莖條，就沒辦法把苔蘚深深地種植進去，不是沒種進土裡，就是會搖晃。

把苔蘚放在鑷子內側夾著，鑷子前端與苔蘚下緣對齊，深深地插進土裡。

用小罐子製作大焰蘚生態瓶

1
使用筒型鏟，在容器底部倒入小粒的硬質赤玉土，大約2公分高。搖晃容器，將表面弄平。

2
在栽培用土上輕輕放入砂礫（麥飯石），直到看不見土壤為止。

3
輕輕地將砂礫的表面弄平。

4
用鑷子夾起大焰蘚，把苔蘚從上方深深地插進去，直到埋入硬質赤玉土中為止。

5
用手指頭壓著苔蘚，輕輕拔出鑷子，以免苔蘚也被連帶拔出來。

6
苔蘚的綠色部分要比砂礫高出1公分左右。

7
陸續將大焰蘚種入罐中，將其打造成就像是在容器中央成簇生長一樣。

8
大焰蘚栽種完畢。

封閉型生態瓶

Closed type

使用附蓋玻璃罐，
來製作簡單的生態瓶吧。
附蓋容器可以調整濕度，
易於管理。

綠色療癒力！
把苔蘚的可愛姿態
與色彩裝進生態瓶。

看看影片吧！
基本種植方法
1

https://youtu.be/h2aZzCW4KjA

需要準備的物品
容器（直徑10.2㎝、高16㎝）、硬質赤玉土（小粒）、砂礫、園藝鑷子（附扁匙）、噴霧瓶、筒型鏟

苔蘚／南亞白髮蘚：1團

A 南亞白髮蘚

A

砂礫

容器尺寸／
直徑10.2㎝、高16㎝

1

使用筒型鏟，在容器底部倒入大約4公分高的栽培用土（硬質赤玉土）。

2

輕輕搖晃容器，把表面弄平。

3

用手把苔蘚剝成圓形，大小要比容器的直徑小1.5～2公分。

弄成漂亮的圓形吧！

4

用大拇指跟食指，用力夾住已剝成圓形的苔蘚，把邊緣調整成圓形。

5

用鑷子挾起起 **4** 的苔蘚，種入 **2** 的容器正中央。

用手壓著苔蘚拔出鑷子。

6

把假根的一半壓進土裡，用手指頭壓著苔蘚拔出鑷子。

從側面觀察種植的深度。

確認褐色假根是否有 ½ 埋在土中

7

檢查一下苔蘚是否種植在容器正中央，以及根部是否懸空。

這裡要填塞砂礫

8

苔蘚周圍看得到土壤的部分，要填塞砂礫。

9

輕輕地在土壤上填塞砂礫，直到看不見土壤為止。

噴水至土壤變色為止。

10

用噴霧瓶噴水數次，直到土壤濕透。

11

檢查一下整體的平衡，砂礫是否懸空翹起、苔蘚是否確實種入土中。

12

蓋上瓶蓋就完成了。若有矽膠墊圈，請先拿掉後再使用。

開口型生態瓶
Open type

試著在小陶盆裡種入單一種類的苔蘚，
做出一盆簡簡單單的苔蘚盆栽吧。
使用鑷子，
把體質強健又耐旱的苔蘚種植進去。

種入蓬鬆細長的苔蘚，
盡情欣賞如青草般的
可愛姿態與色彩！

看看影片吧！
基本種植方法
2

https://youtu.be/HW-y4wFqdcU

需要準備的物品
盆器（直徑7.5cm、高7.5cm）、硬質赤玉土（小
粒）、砂礫、園藝鑷子（附扁匙）、澆水瓶、筒型
鏟、園藝剪刀、盆底網
苔蘚／大焰蘚：1團

A 大焰蘚

盆器尺寸／
直徑7.5cm、高7.5cm

砂礫
A

1

配合盆底的大小，裁剪比排水孔大的
盆底網，置於盆底。

訣竅是確實
填入栽培用土！

2

使用筒型鏟，倒入栽培用土（硬質赤
玉土），直到距離花盆上緣2公分的地
方為止。

3

輕輕搖晃盆器，把表面弄平。

18

從能自然
分開處撕開。

撕成一束束

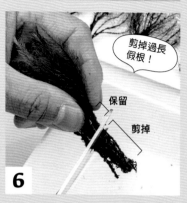

剪掉過長
假根！

保留

剪掉

4

在 **3** 的上方鋪設砂礫，直到蓋住栽培
用土為止。用扁匙的背面按壓，將其
鋪平。

5

用手把苔蘚撕成一束束，每束為 4～6
根，可用鑷子夾起的大小即可。

6

用剪刀剪掉步驟 **5** 中，苔蘚束過長的
褐色假根，保留 0.7～1 公分的長度。

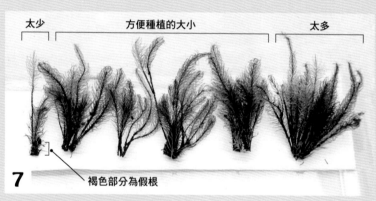

太少　　　　　方便種植的大小　　　　　太多

褐色部分為假根

夾在鑷臂
之間！

7

每束的假根長度都已經剪齊的狀態。
此時可調整每束的大小，會比較好種植。

8

把苔蘚束夾在鑷臂之間，苔蘚的假根
下緣與鑷子前端對齊。

將假根深插進
栽培用土中。

不壓著會使
苔蘚連帶拔出。

9

用鑷子夾起 **8** 的苔蘚，插入 **4** 的花盆中
央。用手指頭壓著苔蘚拔出鑷子，以免苔
蘚也被拔出來。

10

陸續將苔蘚種入盆器中央，種入
苔蘚時，同時要注意苔蘚旁邊的
砂礫，所占空間是否平均一致。

11

用澆水瓶從苔蘚上方給水數次，直到
水從盆底的排水孔流出為止。

零失敗！
日常管理

苔蘚園藝的重點
在於擺放地點與給水方式

　　苔蘚這種植物，比花草樹木還要單純老實。只要把苔蘚擺在它喜愛的環境，並給予適量的水，就會是一片綠油油的好光景。苔蘚比一般花草更喜愛微暗之處，所以請把苔蘚擺在房裡，或是放在靠近自己身處的場所，並且觀察苔蘚的狀態是否良好。

苔蘚透過葉與莖吸收水分，若種在生態瓶裡，需2週1次使用噴霧瓶的細緻噴霧，為整片苔蘚補水。

←喜歡待在室內明亮處的苔蘚，建議可放在距離蕾絲窗簾不遠的桌上。

↓若種植在戶外，可以放在通風又有遮蔭的架子上。

Point 1　避免陽光直射

苔蘚不同於一般花草，很多品種在強烈的陽光照射之下會曬傷。同樣是在室內，有些品種喜歡待在離蕾絲窗簾不遠的地方，有些品種則偏愛更暗一點的地方，所以必須按照苔蘚的品種，種植在明亮程度適合其生長的地點。

←在底盤留下苔球1天就能吸收掉的少量水分，若底盤一直有很多水將容易使植株腐爛。

Point 2　用適當的方式給水

利用可噴出細緻噴霧的噴霧瓶，為整塊苔蘚帶來水分。若像在種植花草一樣僅在根部給水，苔蘚無法順利吸收，這一點要多加注意。幫苔球澆水時，要從上方把苔蘚噴濕，並在底盤留下苔球1天就能吸收掉的少量水分。

如果生態瓶的玻璃起霧了

把苔蘚種在玻璃容器或透明容器裡，就是為了隨時都能欣賞。但有時會因為放置地點的氣溫或濕度等問題，使得容器內側冒出水滴而起霧，尤其生態瓶更是如此。容器跟放置地點有溫差，就容易產生水滴。若發生這樣的狀況，就要把生態瓶移到不易產生溫差的地點，並且把瓶內的水滴擦掉。

 →

放在窗邊等處的容器，因為瓶內冒出水滴而起霧，看不清楚苔蘚。

在鑷子上纏繞廚房紙巾，擦拭瓶內的水滴，要注意不要碰到苔蘚與瓶內的砂礫等。

如果苔蘚變得無精打采

仔細觀察苔蘚的變化並且勤於照料

喜歡苔蘚的人，時時刻刻都想看到那綠意盎然的美麗模樣。平時就要仔細觀察苔蘚的狀態，若是發現苔蘚「變得無精打采」或者「跟平常的狀態不一樣」，就要及早處理。

Case
1

葉片皺縮

長葉型苔蘚的葉片前端乾掉就容易皺縮，需馬上使用噴霧瓶給水。獲得改善後，幾分鐘內便會恢復原狀。

大焰蘚的葉片前端，因為乾燥而捲曲皺縮。

使用噴霧瓶，均勻地噴灑整個盆栽。

葉片舒展，顏色也變得鮮明，顯得朝氣蓬勃。

Case
2

葉片變白

像南亞白髮蘚這類短葉型的苔蘚，乾掉時葉片顏色就會變白。只要並未乾透，給水後幾分鐘就會恢復成綠色。

南亞白髮蘚的葉子，因為乾掉而變白。

使用噴霧瓶給水。

綠色葉片的顏色變得鮮明，並且膨大而變得立體。

Case
3

葉片變成褐色

有時苔蘚會有部分腐爛而變成褐色，若是置之不理，就會從那部分開始發霉，所以必須把它清除。

苔蘚出現一塊塊褐色斑點，相當顯眼。

用剪刀把褐色部分剪掉。

用鑷子把剪下來的褐色葉片清除。

苔蘚變得整潔美觀。

苔蘚的聰明繁殖法

3個月到半年左右
即可種植出綠意盎然的苔蘚

　　苔蘚會自行繁殖，不太需要費心。只要把苔蘚擺在不會曬到太陽的明亮地點，並且保持潮濕即可。暖地大葉苔、東亞萬年苔等品種，則是要把葉片下方的莖條切段，擺在硬質赤玉土上，並放在遮蔭處2個月。

南亞白髮蘚相互毗連的綠色群落有如地毯一般。

Type
1

南亞白髮蘚的繁殖方式

需要準備的物品
硬質赤玉土（小粒）、園藝鑷子（附扁匙）、噴霧瓶、小碟子2個、筒型鏟
苔蘚／南亞白髮蘚

1
徒手把苔蘚剝成小撮。

2
老舊的假根以及非綠色部分沒辦法使用，可跟雜質一同清除。

3
把苔蘚平鋪在小碟子上，檢查看看是否大小一致。

4
在另一個小碟子裡倒入栽培用土，直到離上緣1～2公分的地方為止，表面弄平。

5
用鑷子把3的苔蘚排在4的上方，綠色部分朝上，苔蘚跟苔蘚之間要有一點間隔。

6
使用噴霧瓶把苔蘚整個噴濕。

後續管理
將苔蘚擺在不會曬到太陽，並且通風良好的架子上，乾了就用噴霧瓶給水。

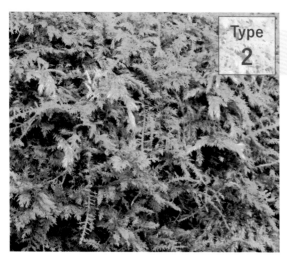

盈盈低垂的短肋羽蘚一片綠意盎然。

短肋羽蘚的繁殖方式

需要準備的物品

硬質赤玉土（小粒）、園藝鑷子（附扁匙）、園藝
剪刀、噴霧瓶、小碟子2個、筒型鏟

苔蘚／短肋羽蘚

1

使用剪刀把苔蘚剪碎成1公
分大小。

2

老舊的假根以及非綠色部分
沒辦法使用，可跟雜質一同
清除。

3

把苔蘚平鋪在小碟子上，檢
查看看是否大小一致。

4

在另一個小碟子裡倒入栽培
用土，直到距離上緣1～2
公分的地方為止，並把表面
弄平。

5

使用鑷子把**3**的苔蘚排在**4**的上方，綠
色部分朝上，苔蘚之間要有一點間隔。

6

使用噴霧瓶把苔蘚整個噴濕。

後續管理

將苔蘚擺在不會曬到太陽，
並且通風良好的架子上，乾
了就用噴霧瓶給水。

幫苔蘚改頭換面

盡快清除腐爛的部分
改種新的苔蘚

　　有時苔蘚會長得太高、部分腐爛或者乾枯，請盡快清除腐爛的部分，適度地幫它改頭換面吧。

Before

孢子體長得太高，已無多餘空間。

After

變得整潔美觀。

Case 1　孢子體過高

1

用剪刀從基部剪掉過高的孢子體。

2

用鑷子取出掉在容器裡的孢子體，如果放著不管，有時會導致苔蘚腐爛。

3

使用噴霧瓶給水。

Case 2　植物腳下的苔蘚乾枯

Before

苔蘚乾枯變成褐色。

又是一片綠油油的好光景。

After

1

把變成褐色的苔蘚清掉。

2

剪下一片同樣品種的苔蘚（此處為短肋羽蘚），大小要比盆器大上一圈。

3

配合植株根部所在位置，把 **2** 剪開並且蓋上去。

4

用扁匙把盆器邊緣的苔蘚壓入容器裡。

5

幫整盆苔蘚澆水。水要是澆得太多，就用手壓著苔蘚，把水倒出。

Before

前方的苔蘚腐爛變成褐色。

Case 3　生態瓶裡有部分苔蘚腐爛

需要準備的物品
有部分苔蘚腐爛的生態瓶、
新的苔蘚（大焰蘚、東亞萬年苔）、
園藝剪刀、園藝鑷子（附扁匙）

After

苔蘚變得錯落有致，相當美觀。

1

用鑷子夾出腐爛變成褐色的苔蘚，其餘的苔蘚盡量不要更動。

2

已將腐爛的苔蘚清除乾淨，接著要在缺口種上新的苔蘚。

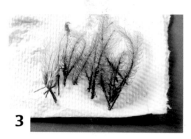

3

用剪刀剪下所需分量，大焰蘚要保留一點褐色假根。

4

用鑷子夾起大焰蘚，把苔蘚深深地插進去，直到埋入 **2** 的硬質赤玉土中為止。用手指頭壓著苔蘚，輕輕拔出鑷子。

5

大焰蘚種好了。

6

用鑷子夾起外型相當有特色的東亞萬年苔。

7

在 **5** 的生態瓶中種入東亞萬年苔，注意一下整體的平衡。用手指頭壓著苔蘚，以免苔蘚也被拔出來。

8

使用噴霧瓶噴灑整個容器。

蓋上瓶蓋並置於室內明亮處。

9

寒暑對策

苔蘚耐寒但怕熱

　　苔蘚大多耐得住較冷的天氣，就算結凍，只要解凍就會復活。有些品種的葉片會變色，就算因為寒冷而皺縮，只要天氣一回暖，並且有適當的水分，就會恢復原狀。相反地，苔蘚怕熱，而且夏天除了熱之外，陽光也很強，因此容易乾枯。

苔庭裡的緣邊走燈苔因寒冷而皺縮，周圍的蕨類葉片變色。

被凍在冰柱裡的大葉鳳尾苔，只要冰柱融化，就會恢復原狀。

附蓋生態瓶要先把蓋子蓋好，才放進冰箱。

當夏天的天氣太熱

炎炎大熱天就連室內也很熱時，可暫且將苔蘚放入冰箱的冷藏室避難。如果是開口型生態瓶，水分一多就會太冷，所以得先把水倒出後才放進冰箱。

苔盆要先用保鮮膜包2層，才放進冰箱。

夏天時
也不可擺在室內窗邊

　　就算秋季到春季期間，苔蘚在有窗簾的窗邊長得很好，但夏季光照強烈，怕熱又不喜歡強烈陽光的苔蘚，有可能會變成褐色而腐爛。此時可將苔蘚移到有開空調的涼爽室內，或者稍微暗一點的地方。

冬夏季節的
室內乾燥對策

若是將開口型或半開口型生態瓶，擺在有開空調的室內栽種，葉片可能會因為乾燥而皺縮。此時可用保鮮膜包住以維持濕度，苔蘚就會恢復元氣。
→請參考P.120

苔蘚的肥料與藥劑

留意澆水時所用的水
不需要施肥

　　想要讓苔蘚照顧起來輕鬆不費力又美觀，最好不要施肥。除了澆水以外什麼也不做，就不會帶來麻煩，也能把苔蘚養得很漂亮。澆水時應盡量使用靜置1天的水、礦泉水，或者濾水器濾過的水。若是發霉，一開始可以用酒精擦拭。

自來水以靜置1天為佳；若使用礦泉水，則建議挑選鈣質含量少的軟水。

使用酒精處理發霉

苔蘚若是發霉，可用酒精擦拭。尤其種在生態瓶等有蓋容器裡，很容易發霉，因此可先備好1瓶酒精，一旦發霉就能派上用場。
→請參考 P.122

●不喜歡氯的苔蘚

大灰苔等種類的苔蘚不喜歡氯，若用剛從水龍頭流出的水來澆水，可能會對苔蘚造成傷害，所以要靜置一段時間，待氯氣揮發後才能使用。

原生地一景，如同地毯般擴展的大灰苔。

栽種大灰苔的苔盆，使用礦泉水等含氯量少的水來澆水。

設法不要讓水變髒

　　栽種苔蘚的一大重點，即是切勿使用腐爛或混有雜質的苔蘚。而附蓋生態瓶的重點，則是得設法不要讓水變髒。一般用在水族箱的麥飯石有淨化水質的效果，因此也會被用在過濾器等產品上。將麥飯石放入生態瓶裡，有助於長期維持乾淨狀態。

麥飯石可以淨化水質、吸附會導致髒汙的物質，還能避免產生臭味。

在栽培用土上鋪了麥飯石的生態瓶。

苔蘚哪裡買

　　生態瓶、苔球等人氣商品，除了園藝店、居家生活用品店或花市以外，也能在傢飾店等處購買。此外，也可以在苔蘚專賣店，或者透過網路直接向生產者購買。店家販售的苔蘚種類，有時會因為季節而不同，因此建議可以跑趟園藝店。看看有在賣什麼，也很推薦在網路上搜尋。

選購時的重點

　　購買之前，要先問清楚到底是人工培育品，還是在山上採到的野生苔蘚，建議使用不需預做準備的人工培育品。若有機會在園藝店等處自行挑選，推薦選擇葉片綠油油，並未冒出嫩葉或新芽的新鮮苔蘚。

　　如果是在網路上購買，收到之後應立刻拆封，把苔蘚放在涼爽的遮蔭處照顧管理。尤其要注意是炎炎夏日，如果要擺上幾天不馬上使用，可先收進密封袋裡，將袋口封住，並放進冰箱的蔬果冷藏室。

在網路上買到的人工培育品。

在花市買到的野生苔蘚。

苔蘚專賣店、盆栽專賣店，以及山野草專賣店等處，都有販賣成片的苔蘚。

Chapter 2

簡單時尚的
範例與
製作方法

微型生態瓶的製作方式

試著在附蓋玻璃容器裡種入苔蘚，
一起來做出生態瓶吧。
透過玻璃容器可以輕鬆觀賞苔蘚，
附有蓋子方便調整濕度，
管理上較為容易。

需要準備的物品
容器（直徑8.5cm、高14.7cm）、硬質赤玉土
（小粒）、砂礫（麥飯石）、園藝剪刀、園藝鑷
子（附扁匙）、噴霧瓶、筒型鏟

苔蘚／大焰蘚：1撮
　　　東亞萬年苔：5根

如同栽種花草一樣
用2種大型長苔蘚
製作生態瓶

這是用2種長型苔蘚製作而成的
生態瓶，只要是習慣栽種花草的
人，都能順利完成。如同組盆與
扦插，栽種時使用鑷子，把2種
苔蘚插進栽培用土當中。

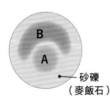

砂礫
（麥飯石）

A　大焰蘚
B　東亞萬年苔

容器尺寸／
直徑8.5cm、高14.7cm

保留一點
下方褐色處。

做好準備工作。

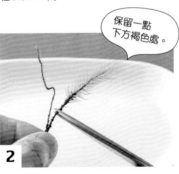
大焰蘚　東亞萬年苔

1 使用筒型鏟，在容器底部倒入大約2
公分高的栽培用土。

2 修剪苔蘚長度，用剪刀把大焰蘚下緣
剪齊，從上面算起要有3～4公分長。

3 東亞萬年苔的長度要剪得比大焰蘚長
一點，照片是苔蘚修剪完畢的樣子。

4

在栽培用土上輕輕放入砂礫，直到看不見土壤為止。

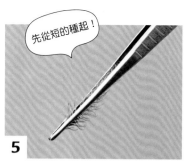

先從短的種起！

5

用鑷子夾起1根 **3** 的大焰蘚。

6

從 **4** 的上方把苔蘚深深地插進去，直到埋入硬質赤玉土中為止。

7

種好1根大焰蘚，苔蘚要比砂礫高出1公分左右。

8

種好之後，大焰蘚看起來就像是在容器中央成簇生長。

長的留到最後才種。

9

接著種入東亞萬年苔，用鑷子夾起1根 **3** 的東亞萬年苔。

10

把東亞萬年苔深深地插進土裡，就像是要圍住 **8** 的大焰蘚一樣。

拔出鑷子時要小心。

11

用手指頭壓著東亞萬年苔拔出鑷子，以免苔蘚也被拔出來。

12

用同樣的方法種入其餘的東亞萬年苔。

13

檢查一下種得是否平均，以及苔蘚的假根與莖條是否懸空。

14

用噴霧瓶噴水數次，直到土壤濕透。

葉片皺縮或褪色就澆水！

15

澆過一次水之後，只有在苔蘚的表面乾掉時，才使用噴霧瓶把表面噴濕。

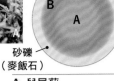

砂礫
（麥飯石）

A 鼠尾蘚
B 緣邊走燈苔

容器尺寸／
直徑 10.2 cm、高 7.4 cm

透過便於觀察的淺型容器
欣賞不同的意趣

在附蓋透明容器裡，如同地毯般生長的兩
種苔蘚。鼠尾蘚挺直而有光澤，緣邊走燈
苔具有透明感的卵圓綠葉，則是一片接著
一片，不同的外型有不同的意趣。

如同一把小傘般可愛
帶來童話般效果的
狹邊大葉苔

小巧可愛的狹邊大葉苔，葉
面直徑大約是 1 公分。外型
像是妖精的傘，將它種入模
擬小燈泡外型的玻璃容器
裡。光是看著，心中彷彿就
有一片藍天。

A

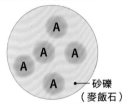

砂礫
（麥飯石）

A 狹邊大葉苔

容器尺寸／
直徑 4.8 cm、高 8.2 cm

在玻璃容器裡
擺上小石頭
打造微型苔庭

在附蓋透明容器裡，斜斜
地擺上一顆饒富韻味的小
石頭，接著在左右側種入
變化多端的苔蘚。在小石
頭的襯托之下，苔蘚的外
型更顯獨特，因此可勾勒
出微型苔庭的風雅逸趣。

A

B

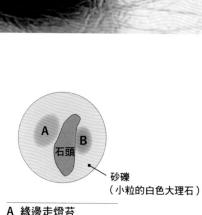

砂礫
（小粒的白色大理石）

A 緣邊走燈苔
B 梨蒴珠苔

容器尺寸／
直徑 8.4cm、高 11.5cm

使用手邊現成容器

這是使用白蘭地酒杯，
或是造型簡潔的花瓶等，
生活中慣常使用的器皿，
所製作的半開口型生態瓶，
同時也是賞心悅目的居家擺飾。

需要準備的物品

容器（直徑9.5㎝、高9.2㎝）、硬質赤玉土
（小粒）、砂礫（麥飯石）、園藝剪刀、園藝鑷
子（附扁匙）、噴霧瓶、筒型鏟

苔蘚／曲尾苔：1團

圓滾滾的白蘭地酒杯中
蓬鬆可愛的苔蘚

曲尾苔喜愛空氣稍有流通的環境，更
甚於密閉容器。把曲尾苔種入半巨蛋
型的無腳白蘭地酒杯裡，並在下方鋪
設砂礫以免泥濘。

A

砂礫
（麥飯石）

A 曲尾苔

容器尺寸／
直徑9.5㎝、高9.2㎝

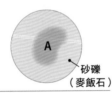

弄平填入的
土壤！

1

使用筒型鏟，在容器底部倒入大約2
公分高的栽培用土。

2

輕輕搖晃容器使土壤滑落，從上方稍
微壓一下，把表面弄平。

3

修剪要種植的苔蘚，使用剪刀把苔蘚
剪成比容器略小的橢圓形。

將形狀變漂亮的訣竅。

4

輕輕握著苔蘚，用手調整為圓形。

5

使用鑷子夾起苔蘚，放入 **2** 的容器中，注意不要讓 **4** 的形狀跑掉。

把褐色部分埋進土裡！

6

使用扁匙把苔蘚深深地插入土壤中，直到假根埋進土裡為止。

7

種植好後，曲尾苔看起來就像是在容器中央成簇生長一樣。

8

在苔蘚四周的栽培用土上鋪設砂礫，直到看不見土壤為止。

9

砂礫鋪設完畢，砂礫鋪設狀態會影響到作品的好壞，所以要仔細一點。

10

用噴霧瓶給水數次，直到整個容器的土濕透為止。

不要碰到苔蘚跟砂礫！

11

將乾燥的廚房紙巾對折，擦拭容器內側的水滴。

管理的訣竅

擺在室內的苔蘚，若表面乾掉或葉片前端皺縮，就要使用噴霧瓶將表面噴濕。冬季等乾燥而不易照護的季節，可暫時用保鮮膜封住杯口，苔蘚就會恢復元氣。

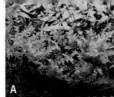

B 沃伯格狸藻

狸藻科食蟲植物，花形
與棲息在寒冷海域的海
天使極為相似，因此日
文裡稱海天使挖耳草，
適合跟喜愛水分的苔蘚
植物種在一起。

A 短肋羽蘚
B 沃伯格狸藻

容器尺寸／
直徑 8 cm、高 12.8 cm

花朵有如海天使般可愛
食蟲植物變身為浮島

作品主角是沃伯格狸藻，其花形跟有著「冰海精
靈」美稱的海天使極為相似，可愛到讓人很難相
信它是食蟲植物。這件作品以濕地浮島為意象，
種入可在水邊生長的短肋羽蘚。

在花器中打造
梨蒴珠苔的綠色森林

在玻璃花瓶中，種入喜愛環
境空氣濕度高的梨蒴珠苔，
打造出微型綠色森林。由於
花瓶口徑較小，若是先把苔
蘚黏在小石頭上，並把形狀
修整好之後才放進去，就會
比較容易完成。

A

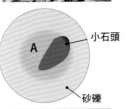

小石頭

砂礫

A 梨蒴珠苔

容器尺寸／
直徑 8 cm、高 11 cm

活用苔蘚特徵
在葡萄酒杯中
重現微型苔庭

南亞白髮蘚有著圓滾滾的可愛
外型,因此又被稱為「豆沙包
苔蘚」。杯中鋪設小粒白色大
理石,模擬京都的苔庭。另一
件作品,則是把受到眾多人喜
愛的東亞萬年苔與暖地大葉苔
合種,並在周圍鋪上麥飯石。

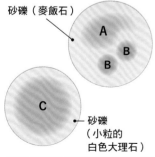

砂礫(麥飯石)

A

B

B

C

砂礫
(小粒的
白色大理石)

A 東亞萬年苔

B 暖地大葉苔

C 南亞白髮蘚

容器尺寸/
直徑6.7cm、高15.7cm(左)、
直徑7.3cm、高18.2cm(右)

活用細長型玻璃杯

用於盛裝無酒精飲料，
或雞尾酒的細長型玻璃杯，
比一般的馬克杯或玻璃杯，
更容易維持濕度，
如同半開口型生態瓶一樣，
可以拿來利用。

需要準備的物品
容器（直徑6.8cm、高15.5cm）、硬質赤玉土（小粒）、砂礫（麥飯石）、園藝剪刀、園藝鑷子（附扁匙）、噴霧瓶、筒型鏟

苔蘚／仙鶴苔：1團

從側面觀看
時髦又富有躍動感的
生態瓶

這個漂亮的生態瓶，跟玻璃燭台一樣可以放在桌上，從側面欣賞苔蘚的顏色與形狀。試著在1個杯子裡栽種1種苔蘚，並擺在一起欣賞。在容易乾掉的環境中，只要用保鮮膜封住杯口，苔蘚就會恢復元氣。

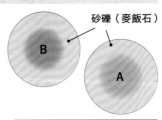

砂礫（麥飯石）

A 仙鶴苔
B 大焰蘚

容器尺寸／
直徑5.8cm、高14.7cm（後）、
直徑6.8cm、高15.5cm（前）

弄平填入的土壤！

1
使用筒型鏟，在容器底部倒入大約3公分高的栽培用土，輕輕搖晃容器使土壤滑落，把表面弄平。

將形狀變漂亮的訣竅！

2
修剪要種植的苔蘚，使用剪刀把苔蘚剪成比容器略小的橢圓形。

3
用鑷子夾起苔蘚放入**1**的容器中，注意不要讓**2**的形狀跑掉。

傾斜玻璃杯
會更好操作。

4

將苔蘚放入玻璃杯中央，此時需調整
位置，以免苔蘚碰到玻璃杯內側。

5

使用扁匙把苔蘚深深地插入土壤中，
直到褐色假根埋進土裡為止。

6

在苔蘚周圍的栽培用土上鋪設砂礫，
直到看不見土壤為止。小心放入砂
礫，以免刮傷玻璃杯。

不要碰到
苔蘚跟砂礫！

7

砂礫鋪設完畢，轉動玻璃杯，檢查砂
礫鋪得是否均勻。

8

用噴霧瓶給水數次，直到整個容器的
土濕透為止。

9

將乾燥的廚房紙巾對折，擦拭容器內
側的水滴。

置於室內明亮處，
若葉片前端皺縮，
就用噴霧瓶給水。

10

如何種入大焰蘚

大焰蘚是細長型的苔蘚，因
此要把數根苔蘚夾在鑷臂之
間，插進土裡種植。苔蘚的
下緣跟鑷子前端對齊，會比
較好種植。→請參考 P.15

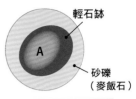

使用輕石缽
打造深山岩壁的意象

半開口型的生態瓶，可以使用細長型玻璃花瓶，即可輕鬆完成。用於栽種山野草的小缽，是挖空輕石的內側而製成。將緣邊走燈苔種入輕石缽裡，在栽培用土上鋪設砂礫，並將輕石缽淺埋入土即可。

A 緣邊走燈苔

容器尺寸／
直徑8cm、高14.8cm

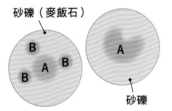

苔蘚之王與苔蘚女王
外型獨特的組合

透過這個生態瓶，可同時欣賞「苔蘚之王（東亞萬年苔）」與「苔蘚女王（暖地大葉苔）」的特色。推薦使用細長型玻璃杯，比較容易維持濕度，同時也能清楚地觀察苔蘚。

A 東亞萬年苔
B 暖地大葉苔

容器尺寸／
直徑5.8cm、高14.7cm（左）、
直徑6.8cm、高15.5cm（右）

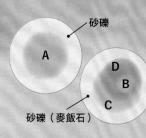

砂礫

砂礫（麥飯石）

A 大焰蘚　　B 耳羽岩蕨
C 緣邊走燈苔　D 日本曲尾苔

容器尺寸／
直徑6.8cm、高15.5cm（左）、
直徑5.8cm、高14.7cm（右）

利用變化多端的苔蘚
在雞尾酒杯裡演繹岩地風情

迅速抽高的大焰蘚、緣邊走燈苔，以及日本曲尾苔，都是比較喜歡潮濕的品種。細長型玻璃杯容易維持濕度，因此正好合用，與耳羽岩蕨共同演繹微型岩地風情。

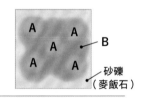

使用大一點的容器

在手邊現有大一點的容器當中，
如糖果罐或窄口花瓶等，
打造苔蘚森林。
適合栽種喜愛環境濕度高的苔蘚。

需要準備的物品

容器（10cm×9cm、高15cm）、硬質赤玉
土（小粒）、砂礫（麥飯石）、園藝剪刀、
園藝鑷子（附扁匙）、噴霧瓶、筒型鏟

苔蘚／大灰苔：1團、東亞萬年苔：5根

用廚房密封罐製作
適合放在客廳的生態瓶

在保存義大利麵等食材的廚房密封罐
裡，種入2種苔蘚以做出變化。大灰苔
成長迅速，要是長了就使用剪刀修剪。
這個生態瓶適合放在不會曬到太陽的室
內，每個月使用噴霧瓶給水1次。

A		A	
	A		B
A		A	砂礫 （麥飯石）

A	東亞萬年苔
B	大灰苔

容器尺寸／
10cm×9cm、高15cm

1

使用筒型鏟，在容器底部倒入大約3
公分高的栽培用土，輕輕搖晃容器使
土壤滑落，把表面弄平。

弄平填入的土壤！

2

使用剪刀，把大面積栽種的大灰苔，
剪成比容器略小的尺寸。若有別的苔
蘚或枯枝混雜其中，就要將其清除。

將形狀變漂亮的訣竅！

3

使用鑷子，夾起苔蘚放入1的容器
中，注意不要讓2的形狀跑掉。

把褐色假根埋進土裡！

4

決定 **3** 的苔蘚要種在哪裡之後，使用扁匙把苔蘚深深地插進去，直到大灰苔的假根埋進土裡為止。

5

大灰苔種好了，大灰苔的種植面積是土壤表面的 2/3〜3/4 左右。

6

在栽培用土上輕輕放入砂礫，直到看不見土壤為止。

7

把東亞萬年苔的莖部剪成 3〜4 公分長，用鑷子夾起 1 根。

褐色的部分要埋進土裡！

8

從 **6** 的上方把苔蘚深深地插進去，直到埋入底部的土壤中為止。

拔出鑷子時要小心！

9

用手指頭壓著東亞萬年苔拔出鑷子，以免苔蘚也被拔出來。用同樣的方法，種入其餘的東亞萬年苔。

10

用噴霧瓶給水數次，直到整個容器的土濕透為止。

不要碰到苔蘚跟砂礫！

11

將乾燥的廚房紙巾對折，擦拭容器內側的水滴。

12

放在室內，若苔蘚的表面乾了，就用噴霧瓶在表面稍微噴一點水。

後續管理

自來水裡面的氯不利於大灰苔生長，所以噴霧瓶裡面的水要使用礦泉水，或濾水器濾過的水。

利用花瓶的造型
打造森林坡地

利用變化多端的苔蘚，在窄口花瓶裡打造森林坡地。訣竅是在製作時將容器傾斜，完成之後輕輕扶正，這樣就能做出好看的斜坡面。

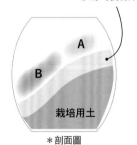

砂礫（麥飯石）

A

B

栽培用土

＊剖面圖

A 東亞萬年苔
B 日本曲尾苔

容器尺寸／
9.4cm × 4.5cm、高12.8cm

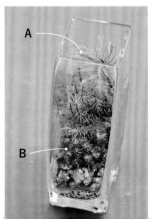

A

B

B B
B B B
B B
B B
B B
B A

砂礫
（麥飯石）

A 短肋羽蘚
B 狹邊大葉苔

容器尺寸／
9 cm × 12 cm、高 11 cm

讓人忍不住要多看一眼
糖果罐微型苔蘚森林

可以蓋上蓋子的糖果罐，適合栽
種喜愛潮濕的苔蘚。在糖果罐裡
鋪設許多可淨化水質的麥飯石，
打造出以狹邊大葉苔為主角的微
型森林。

箱庭風格與
苔蘚生態缸

試著在容器裡打造出模擬濕地的環境，
並種入苔蘚與喜愛潮濕的植物吧。
巧妙運用苔蘚的外型與生長方式，
加上石頭與公仔，會更生動喔。

擺在任何地方都適合
生態模型風格展示盒

在壓克力展示盒裡種入5種苔蘚
與蕨類，並放入小石頭。以大焰
蘚、暖地大葉苔及東亞萬年苔等
受歡迎品種，營造出生態模型風
格，而伏石蕨是裝飾重點。

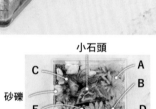

小石頭
砂礫

A	東亞萬年苔
B	暖地大葉苔
C	大焰蘚
D	東亞砂蘚
E	狹葉縮葉苔
F	伏石蕨

容器尺寸／9.5cm × 9.5cm、高6cm

需要準備的物品
附蓋容器（9.5cm × 9.5cm、高6cm）、硬
質赤玉土（小粒）、小石頭、砂礫、園藝剪
刀、園藝鑷子（附扁匙）、噴霧瓶、筒型鏟

苔蘚／大焰蘚：1團、
　　　東亞萬年苔：5根、
　　　暖地大葉苔：2根、
　　　伏石蕨＋東亞砂蘚＋
　　　狹葉縮葉苔的混合：1團

1

使用筒型鏟，在容器裡倒入大約3公
分高的栽培用土。

搖晃容器、
集中土壤！

讓這一角高起

2

斜斜地握著容器，輕輕搖晃容器使土
壤滑落，讓一角高起。

把小石頭埋入
土中約 1/4。

3

在容器一角稍微高起的狀態下，把小
石頭壓進土裡，然後將容器放平，注
意要讓土壤維持傾斜狀態。

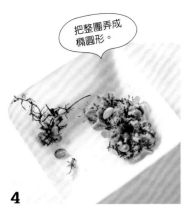

把整團弄成
橢圓形。

4

檢查混合在一起的2種苔蘚與伏石蕨
當中，是否夾雜其他種類的苔蘚、腐
爛的伏石蕨葉片或枯枝等，有的話就
要清除。

5

使用鑷子把**4**夾起來，放入**3**的容器
裡，注意不要讓**4**的形狀跑掉，並把
褐色假根埋進土裡。

6

在栽培用土上輕輕放入砂礫，直到看
不見土壤為止。

7

把大焰蘚的莖部剪齊為3～4公分，此
時需保留一點褐色假根。

8

使用鑷子夾起**7**的苔蘚，夾2～3根，
從**6**的上方把苔蘚深深地插進去，直
到埋入底部的土壤中為止。

拔出鑷子時
要小心。

9

東亞萬年苔也是跟大焰蘚一樣，剪齊
之後用鑷子種入**8**的容器裡。

10

使用剪刀，把暖地大葉苔的莖部剪齊
為3～4公分。

11

使用鑷子，把**10**的苔蘚一根一根夾起，深深地
插進去，直到埋入容器底部的土壤中為止。

12

使用噴霧瓶，噴灑整個容
器數次，把容器擺在室
內。若是苔蘚的表面乾
了，就用噴霧瓶給水，頻
率大約為2週1次。

透過球根水耕瓶
欣賞喜愛潮濕的苔蘚

用於栽種風信子的球根水耕
瓶，中間細細的，比較容易維
持濕度，因此適合用來種植喜
愛潮濕的苔蘚。不過，中間細
細的就不方便使用鑷子，栽種
上有點難度。

砂礫

A 東亞萬年苔
B 擬東亞孔雀苔

容器尺寸／直徑9.5cm、高14.8cm

A
B

48

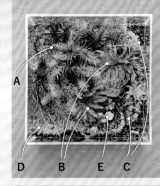

E 虎耳草
在屋久島發現的品種。
葉片極小，若是長出走
莖就切除、葉片變大就
適度疏剪，以維持小巧
可愛的模樣，栽種時必
須維持濕度。

A
D　B　E　C

A　大焰蘚
B　東亞萬年苔
C　南亞白髮蘚
D　暖地大葉苔
E　虎耳草

容器尺寸／9cm×9cm、高9cm

在四四方方的容器裡
種入數種苔蘚與植物
打造出微型苔庭

在壓克力展示箱裡，打造出生態
模型風格的苔蘚庭園。重點是要
在箱子裡種入高矮不齊、形狀各
異的苔蘚，栽種時要從矮的開始
種起。

49

微型海灘上的東亞萬年苔
彷彿小型椰子樹

在圓滾滾的花瓶裡演繹南國海灘風情，外型有如椰子樹的東亞萬年苔正好合適。由於瓶口很窄，珊瑚砂與模擬海面的彩色砂，要用小湯匙一點一點地舀進去。

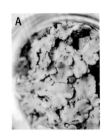

A

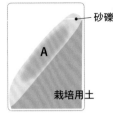

砂礫

A

栽培用土

* 此圖以斜側面的角度呈現

A 蛇苔

容器尺寸／
直徑8.4cm、高11.5cm

在玻璃容器裡
重現原生地蛇苔沿壁生長的景象

在密閉型玻璃容器裡打造出斜坡面，種入順著岩壁或潮濕壁面生長的蛇苔。由於蓋子是透明的，從上方也看得到，原生地蛇苔沿著壁面生長的景象彷彿就在眼前。使用噴霧瓶噴濕後，才蓋上蓋子。

A

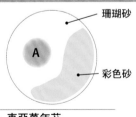

珊瑚砂

A

彩色砂

A 東亞萬年苔

容器尺寸／
直徑7.5cm、高11cm

在有高低起伏的
斜坡面上
種了4種苔蘚的
生態缸

用比較大的玻璃罐製成的苔蘚
生態缸,使用了暖地大葉苔、
東亞萬年苔等受歡迎的品種,
整體景觀有高低起伏,因此任
何一面看起來都很漂亮。中央
的山谷狀是用石頭組成V字而
構成,需留意不要讓栽培用土
的形狀跑掉。

砂礫

B　　　　　A

D

C　　　D

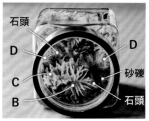

石頭

D　　　　　D

C　　　　砂礫

B　　　　石頭

A　暖地大葉苔

B　東亞萬年苔

C　大葉鳳尾苔

D　大焰蘚

容器尺寸／
11.4 cm × 11.4 cm、高14.5 cm

從側面看起來是向右傾
斜,中央呈山谷狀。

51

在玻璃罐裡
打造南方海域的濱海樂園

將容器傾斜，倒入栽培用土，以珊瑚砂與3種顏色的彩色砂，勾勒出海邊的景象。先把南亞白髮蘚跟東亞萬年苔，這2種苔蘚固定在石頭上，接著將石頭放進玻璃罐裡，營造出綠蠵龜公仔很適合出現在海邊的場景中。

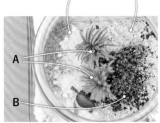

彩色砂　　珊瑚砂

A　東亞萬年苔
B　南亞白髮蘚

容器尺寸／
11.4cm×11.4cm、高14.5cm

收納盒裡的紐西蘭林地

在壓克力收納盒裡種入3種苔蘚，以模擬紐西蘭林地的生態模型風格的作品。以南亞白髮蘚為草原，暖地大葉苔與大焰蘚則是灌木類，奇異鳥公仔是裝飾重點。

A　暖地大葉苔
B　大焰蘚
C　南亞白髮蘚

容器尺寸／
9.5cm×9.5cm、高7cm

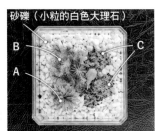

砂礫（小粒的白色大理石）

Chapter 3

苔球、
苔蘚盆栽，
以及苔蘚組盆

製作
丸子型苔球

圓滾滾的丸子型苔球，
使用成片苔蘚，
包覆山野草或蕨類的土球製成。
在密封袋裡裹上變成泥狀的泥炭土，
不必把手弄髒就能做出漂亮的苔球。

需要準備的物品

底盤（直徑14.5㎝、高2.5㎝）、泥炭土、硬質
赤玉土（小粒）、密封袋、黑色手縫線、水（大
約半杯）、園藝剪刀、園藝鑷子（附扁匙）

苗／卷柏：2.5號軟盆1盆、
　　短肋羽蘚：1片（約20㎝×20㎝）

圓滾滾苔球上的
水嫩卷柏

圓滾滾又可愛的苔球，使用成
片的短肋羽蘚，就能輕鬆做出
可長久賞玩的苔球。卷柏的葉
片相當漂亮，天氣冷的時候會
轉變成橘色。

A　短肋羽蘚
B　卷柏

底盤尺寸／
　　直徑14.5㎝、高2.5㎝
苔球尺寸／直徑約8㎝

直到水跟栽培
用土變泥狀。

1

在密封袋裡，放入1小盤的硬質赤玉
土跟1小塊泥炭土。

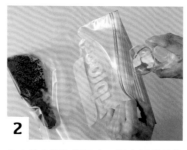

2

在1當中倒入半杯水，把密封袋的袋
口封住。

3

把水跟2種土壤集中在袋子底部一
角，隔著袋子搓揉使其混合。

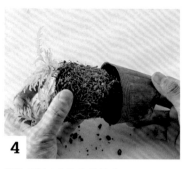

4

從軟盆裡小心取出卷柏苗。

5

把 **4** 的土球放進 **3** 的袋子底部，接著把袋口封住，注意不要讓土球的形狀跑掉。

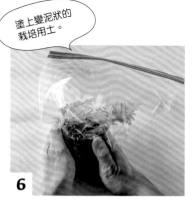

塗上變泥狀的栽培用土。

6

把 **5** 的袋子立起來，隔著袋子把混合成泥狀的栽培用土塗在卷柏土球上。

7

把成片的苔蘚攤開並翻面，從密封袋裡取出卷柏苗擺在中央。

8

把苔蘚慢慢往上拉，包住土球苗。

盆苗基部要稍微壓緊。

9

如捏丸子般握住 **8**，並調整形狀。

開始纏線

將線斜向交叉纏繞。

10

從盆苗基部開始纏線，在 **9** 的苔蘚上纏繞7~8次加以固定。

11

使用鑷子調整，讓苔蘚均勻包住整顆土球。

12

使用剪刀把凸出來的苔蘚，或變成褐色、腐爛的部分剪掉。在底盤倒入少量的水，把苔球擺進去。

後續管理

每天幫整顆苔球澆1次水，在底盤留下1天就能吸收掉的少量水分。

製作 固定型苔球

固定在底盤上的鋁線穿過土球苗，
使用成片苔蘚包覆，
製成固定型苔球。
把密封袋裡的泥狀土塗抹在土球苗上，
讓苔蘚緊緊貼附。

需要準備的物品

底盤（12cm×12cm、高2cm）、泥炭土、鋁線
（線徑2.0mm、長約18cm）、密封袋、水（大約
半杯）、紙杯、環氧樹脂黏著劑（雙液型）、尖嘴
鉗、園藝剪刀、園藝鑷子（附扁匙）

苗／齒瓣虎耳草：2.5號軟盆1盆、
　　大灰苔：1片（約20cm×23cm）

齒瓣虎耳草的 可愛葉片與鮮綠色澤 在苔球上顯得特別好看

秋季會開出大字型花朵的齒瓣虎耳
草，有著可愛的圓形裂葉。若大灰
苔一直處於潮濕狀態，很容易就會
腐爛，因此在栽培管理上需使其偶
爾保持乾燥。

A 大灰苔
B 齒瓣虎耳草

底盤尺寸／
　12cm×12cm、高2cm
苔球尺寸／直徑約9cm

1
使用尖嘴鉗把鋁線的一
端，約6公分左右的長
度，折彎成U字型，其
餘部分平緩地往下彎。

2
把步驟1折彎的鋁線，
調整成可立著的狀態。

3
在紙杯中倒入環氧樹脂黏著劑
的A液與B液，使用附贈的扁匙
攪拌。大約10分鐘就會開始變
硬，所以動作要快。

放置1天！

4
把2的鋁線擺在底盤中央，等
到3開始變得黏稠，就可以在2
上面塗抹許多黏著劑，把它黏
上去，並放到完全變硬為止。

5

在密封袋裡放入一小塊泥炭土跟半杯左右的水，把袋口封住。

直到水跟泥炭土成泥狀。

6

把水跟泥炭土集中在袋子底部一角，隔著袋子搓揉使其混合。

7

等到黏著劑完全變硬之後，就可以把**4**上方的鋁線拉直。

8

從軟盆裡小心取出齒瓣虎耳草苗。

9

把**7**當中拉直的鋁線，從下方輕輕插入**8**的土球裡，注意不要讓土球變形。

10

鋁線從土球穿出時，要避開植株中央，將土球苗置於底盤上。

11

把上方凸出的鋁線折彎，插入土球當中加以固定。

抹上泥狀土，使其吸收。

12

用扁匙把**6**的袋子裡混合成泥狀的泥炭土，塗抹在土球上。

13

把成片的苔蘚攤開，用剪刀剪開一半。

14

決定好**12**的哪一面是正面之後，把**13**的苔蘚攤開，從上方蓋住土球。

15

用苔蘚完全包住整顆土球，用手指按壓，讓苔蘚跟土球融為一體。

葉片皺縮或褪色就澆水！

16

用扁匙的背面，把苔蘚的邊邊角角往內壓並調整，讓苔蘚均勻包住整顆土球。

後續管理

調整給水量，讓苔蘚1天下來也有乾燥的時候。

B 岩沙參
生長在高濕度的岩地
等處，秋天會開出藍
花的山野草，夏天要
注意陽光直射以及給
水不足等問題。

| A 短肋羽蘚 |
| B 岩沙參 |

底盤尺寸／
　直徑14 cm、高4.5 cm
苔球尺寸／
　直徑約11 cm

將開在水邊的花朵種入深盤裡
如同小山般的苔球

利用深盤做出岩沙參和短肋羽蘚的固定型
苔，若是把苔球擺在適合岩沙參生長的環
境，半日照通風良好的地方，賞花時間就可
以更長。

Type
1

翠綠苔球
讓緋紅花朵
更顯夏日風情

夏季會開出紅花的矮生紫
薇，是喜愛水分的植物。
使用耐濕又耐旱的短肋羽
蘚製作苔球，注意不要讓
土球的形狀跑掉。

| A 短肋羽蘚 |
| B 矮生紫薇 |

底盤尺寸／
　直徑15.5 cm×9.5 cm、
　高1.5 cm
苔球尺寸／直徑約7 cm

B 矮生紫薇
矮生紫薇枝條纖細，
卻有很多分枝，是僅
會長至80公分左右的
矮生種。開花時間很
長，會從夏季一直開
到初秋時分。

Type
2

秋天欣賞白色花穗
冬天則可觀賞冰柱

利用白霜柱與短肋羽蘚製作丸子型苔球，地上部在秋冬期間會枯萎，屆時山野草苔球就只剩下苔蘚而已。若種植白霜柱，冬天就還有冰柱可欣賞。

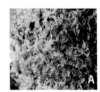

B 白霜柱
秋季會開穗狀白花；
初冬時期，開始枯萎
的莖的基部會形成如
霜柱般的冰柱。

A 短肋羽蘚

B 白霜柱

底盤尺寸／
　直徑12.5cm、高1.8cm
苔球尺寸／直徑約9cm

苔蘚盆栽

挑選較為耐旱的苔蘚種入小花盆。
只要苔蘚的種類、形狀，
以及旁邊鋪設的砂礫顏色不一樣，
產生的感覺就會大不相同，
也可以留意苔蘚與花盆的搭配。

需要準備的物品

花盆（直徑8cm、高7cm）、硬質赤玉土（小粒）、砂礫（適量）、盆底網、水（大約⅔杯）、園藝剪刀、園藝鑷子（附扁匙）、筒型鏟

苗／東亞砂蘚：1團

仿古花盆裡的
星形東亞砂蘚

在仿古素燒盆裡種入喜愛乾燥的東亞砂蘚，使用排水性佳的栽培用土，並且在苔蘚周圍鋪設砂礫，以免因泥濘而影響美觀。

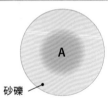

砂礫

A 東亞砂蘚

花盆尺寸／
直徑8cm、高7cm

1

在盆底放入盆底網。

2

在 1 裡面倒入硬質赤玉土，直到距離上緣1.5公分左右的地方為止。

3

修剪苔蘚的假根，保留1公分即可，將苔蘚剝成容易用鑷子夾起的大小。

4

用鑷子夾起 **3**，擺在離花盆邊緣稍微有點距離的地方。

扁匙背面較好種植！

5

使用扁匙把假根埋進土裡。

6

同樣使用鑷子夾起其餘的苔蘚，擺在 **5** 的苔蘚前方。

7

使用扁匙把 **6** 的假根埋進土裡。

8

使用扁匙在盆內的土壤上鋪設砂礫。

調整到任何角度都好看為止！

9

使用鑷子把苔蘚的方向與高度調整得好看一點。

10

分成數次以少量的水澆灌，將苔蘚跟整盆土澆濕。

後續管理

每天幫整盆苔蘚澆 1 次水，水量要夠。若有使用底盤，要把多餘的水倒掉，不要留著。東亞砂蘚乾掉的時候會扭曲，但只要把它噴濕，很快就會舒展為星形。

種植滿滿一整盆 變化多端的 日本曲尾苔

在釉盆裡種入變化多端的日本曲尾苔，蓬鬆柔軟的葉子讓人印象深刻。日本曲尾苔不喜歡陽光直射，因此建議採取半日照，擺在通風良好的室內，並且經常以噴霧瓶給水。

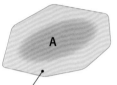

砂礫（白色大理石）

A 日本曲尾苔

花盆尺寸／
8.7 cm×6 cm、高4.2 cm

簡單呈現 南亞白髮蘚的苔蘚模樣

在漂亮的浮雕花盆種入喜愛乾燥的南亞白髮蘚，南亞白髮蘚若是乾掉就會慢慢變白，但只要給水就會回復成綠色。觀察其乾濕變化，也是很有意思的事。

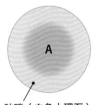

砂礫（白色大理石）

A 南亞白髮蘚

花盆尺寸／
直徑10 cm、高9 cm

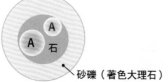

A　白氏苔

花盆尺寸／
直徑8.5cm、高5.3cm

砂礫（著色大理石）

用黏在石頭上的
蓬鬆白氏苔
打造出手掌大小的苔庭

把喜愛乾燥的白氏苔黏在石頭上，放入釉盆裡。白氏苔不喜歡潮濕，所以要鋪上大理石砂礫，以免白氏苔直到碰觸到土壤，偶爾用噴霧瓶給水。

苔蘚組盆

熟悉如何將苔蘚種到盆裡之後，
就可以試著用 2～3 種苔蘚製作組盆。
選擇葉片顏色與形狀各異的苔蘚，
就能做出高低起伏和變化。
使用比苔蘚盆栽大一點的花盆，
會比較好種植。

需要準備的物品
花盆（直徑10.7cm、高9cm）、硬質赤玉土（小
粒）、砂礫（著色大理石）、盆底網、水（約½
杯）、園藝剪刀、園藝鑷子（附扁匙）、筒型鏟

苗／日本曲尾苔：1撮、
　　南亞白髮蘚：1團

在簡樸的素燒盆裡
種入2種苔蘚以做出變化

在盆裡種入蓬鬆有特色的日本曲尾
苔，以及個頭小而密集的南亞白髮
蘚，得以欣賞之間的差異。這2種
苔蘚都很耐旱，因此可長期保持美
麗的狀態。

砂礫（著色大理石）

A 日本曲尾苔

B 南亞白髮蘚

花盆尺寸／
直徑10.7cm、高9cm

1

在盆底放入盆底網。

2

在 **1** 裡面倒入硬質赤玉土，直到距離
上緣1.5公分左右的地方為止。

3

修剪苔蘚假根，保留約1公分即可，
把苔蘚剝成容易用鑷子夾起的大小。

4

用鑷子夾起 **3**，擺在離花盆邊緣稍微
有點距離的地方。

把褐色部分
埋進土裡！

5

用手指頭壓著苔蘚，把假根埋進土裡。

6

同樣用鑷子夾起其餘的日本曲尾苔，
種在 **5** 的苔蘚前方。

7

修剪南亞白髮蘚的假根，保留 1 公分
左右即可，把苔蘚剝成好種的大小。

8

把 **7** 一個個地擺在 **6** 前方的土壤上。

均勻分配
這 2 種苔蘚。

9

使用扁匙把 **8** 的假根埋進土裡。

10

使用扁匙在盆內的土壤上鋪設
砂礫。

11

分成數次以少量的水澆灌，把苔蘚跟
整盆土澆濕。

後續管理

苔蘚沒有根，透過葉面吸收水分，所
以每天都要幫整盆苔蘚澆 1 次水，水
量要夠。日本曲尾苔若是在高濕度的
環境中成長，就會長得比較高；若是
在容易乾掉的環境，就會比較矮小。

形狀各異的3種苔蘚
構成的可愛組盆

把修長的大焰蘚、蓬鬆的日本曲尾苔,以及個頭小而密集的南亞白髮蘚等,3種苔蘚分別種入盆裡。透過可愛的組盆欣賞不同苔蘚的風格,帶來滿滿的療癒感。

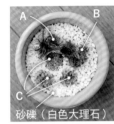

A	大焰蘚
B	日本曲尾苔
C	南亞白髮蘚

花盆尺寸／
直徑12.5cm、高8cm

砂礫(白色大理石)

A	土馬騣
B	大灰苔

花盆尺寸／
11.6cm×8.9cm、高4.4cm

橢圓形花盆裡的
茂密小森林

在淺型的橢圓形釉盆裡種入土馬騣與大灰苔,打造出茂密森林。大灰苔的形狀有如羽毛,天氣冷時會轉變成金黃色。要是乾掉就給水,要是長得太高,就用剪刀修剪。

把生長環境相同的
曲尾苔與大灰苔
種入鐵製容器

在底部有孔的鐵製容器裡，種入在原
生地也生長在同一處的曲尾苔與大灰
苔。這個組盆看起來就像是把林地半
陰處的景象擷取下來。乾了就從上方
幫整盆苔蘚澆水，水量要夠。

A 曲尾苔
B 大灰苔

容器尺寸／
14.5cm×6.9cm、高3.9cm

苔蘚與山野草的組盆 春

把苔蘚種在春天開花的山野草腳下，
就可以讓花朵跟苔蘚相互襯托。
看著熔岩鉢、陶盆與馬口鐵花器，
懷想著山野風光並試著來種種看吧。

在熔岩鉢裡種入雪割草
演繹山野風情

在熔岩鉢凹陷處，種入受到許多人
喜愛的春季山野草雪割草，以模擬
自然景色的組盆，可以就這麼種上
好幾年。

需要準備的物品
熔岩鉢（20cm×13cm、高10cm）、硬質赤玉土
（小粒）、園藝剪刀、園藝鑷子（附扁匙）、筒型鏟

苗／雪割草（大三角草）：2盆、
　　斑葉薹草：1盆、
　　梨蒴珠苔：適量

B 斑葉薹草
日本海側的雜木林裡
常見的山野草，受到
許多人喜愛。斑葉薹
草一開花，等於宣告
雪國的春天到來。花
朵顏色繁多，花形的
變異相當引人注目。

A 梨蒴珠苔
B 斑葉薹草
C 雪割草（大三角草）

盆器尺寸／
20cm×13cm、高10cm

C 雪割草（大三角草）
生長在日本海側的闊葉樹
林裡的毛茛科山野草，在
春天開出白色、粉紅色或
紫色的花，初夏至秋季期
間應避免陽光直射。

1
用筒型鏟在熔岩鉢的凹陷處，一點一
點地倒入小粒的硬質赤玉土。

不要把
土粒壓碎！

2
用指腹把土粒撥進凹陷處。

3
從軟盆裡小心取出盆苗，輕輕梳理根
部，盡量不要把根部弄斷。

植株基部靠熔岩鉢側。

4

將盆苗靠向一側擺進去，讓根部在有土的凹陷處裡面舒展。

5

第2株雪割草苗也同樣擺進去，讓根部在有土的凹陷處裡面舒展。

梳理交纏的根部。

6

若是斑葉薹草苗的根纏在一起，可以從根球下方伸入手指，把中心部分的土翻出，讓根部舒展。

找出能自然分株處！

7

從根部側面觀察，用剪刀把盆苗剪成同樣的大小。

8

將斑葉薹草的根部舒展、水平張開，種到熔岩鉢上。

用手指按壓植株底土！

9

在盆苗的根部上方倒土，直到看不見根部為止，用筒型鏟一點一點地把土倒進去。

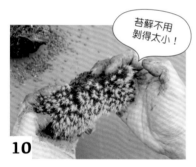

苔蘚不用剝得太小！

10

用手剝掉苔蘚的邊邊角角，把苔蘚剝成比熔岩鉢凹陷處略大一點的大小。

11

用苔蘚把有土的凹陷處完全蓋住，讓苔蘚與熔岩鉢融為一體。

12

若是熔岩鉢凹陷處有盆苗的根部翹起，就用剪刀剪成塞得進去的長度。

13

斑葉薹草與雪割草的腳下鋪設苔蘚，直到看不見土壤為止。

熔岩空隙也鋪上苔蘚！

14

用園藝鑷子調整到苔蘚完全蓋住土壤，直到沒有任何空隙為止。

15

用水沖掉表面的雜質與灰塵，充分給水。從初夏開始就要擺在遮蔭處，置於水盤上，水盤裡只要有淺淺一灘水即可。

A 暖地大葉苔

A 暖地大葉苔
B 原種近東仙客來

花盆尺寸／
直徑9.5cm、高6.5cm

B 原種近東仙客來

花瓣在開花時反捲朝上，白色、粉紅色或紫色的可愛花朵相當引人注目，在秋季舒展開來的圓形葉片也很可愛。

圓圓葉片配上圓圓苔蘚的可愛組合
近東仙客來與暖地大葉苔

葉片圓圓的近東仙客來，搭配外型圓滾滾相當有特色的暖地大葉苔。就算仙客來處於休眠期，也還有苔蘚可欣賞。

仿舊馬口鐵花器裡的
五葉黃連與斑葉頂花板凳果

在底部有開孔的馬口鐵花器裡打造微型春景，白花與綠苔相映成趣。開完花之後還有終年常綠的美麗葉子，因此一年四季皆可賞玩。

B 斑葉頂花板凳果

有著明亮的黃綠色不規則斑紋，也適合種在西式庭園裡，喜歡半陰且潮濕的地點。

A 綠邊走燈苔
B 斑葉頂花板凳果
C 五葉黃連

容器尺寸／
13cm×9.5cm、高4cm

C 五葉黃連

在山地溪流沿岸或高濕度的森林裡，開出有如梅花般的小花，終年常綠的裂葉也很漂亮。

B 阿爾卑斯山療草

細長葉子形成蓮座叢，春天時會從中心處長出短短的花莖，並陸續開出許多鮮黃色小花。

C 多角花

也以西洋雲間草之名為人所知，葉片雖小但數量繁多，如同地毯般往周圍擴展，在春天開出粉紅色的花。

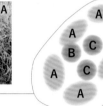

A 白氏苔
B 阿爾卑斯山療草
C 多角花

盆器尺寸／
19 cm × 14 cm、高 7 cm

把雲間草的同類跟阿爾卑斯山療草種入熔岩鉢裡

在熔岩鉢裡種入雲間草的同類多角花與阿爾卑斯山療草，再鋪上耐旱的白氏苔。

在小花盆裡種入2種苔蘚與側金盞花的簡單作品

側金盞花明亮的金黃色花朵，很有春天的感覺。在盆裡分別種入喜愛乾燥的東亞砂蘚與大灰苔，以襯托花朵的顏色，讓整個作品更有變化。

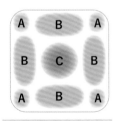

A 大灰苔
B 東亞砂蘚
C 側金盞花

花盆尺寸／
10 cm × 10 cm、高 10 cm

C 側金盞花

在自然狀態下是2月到4月期間開花，根部原本就很會長，開完花之後就要移植到大花盆裡，讓植株成長。

苔蘚與山野草的組盆 秋

在山野草腳下栽種好照顧的苔蘚，
做出可讓人欣賞秋日風情的組盆吧。
種在相同花盆裡的苔蘚跟山野草，
要選擇生長環境相仿的品種。

需要準備的物品
花盆（9cm×9cm、高7cm）、盆底網、硬質赤玉
土（小粒）、園藝剪刀、園藝鑷子（附扁匙）
苗／齒瓣虎耳草：1盆、
　　短肋羽蘚：適量

清麗俊逸的
原生種齒瓣虎耳草
與短肋羽蘚的組合

將原生種齒瓣虎耳草種入盆栽裡，
讓中央高高隆起，並在周圍種植短
肋羽蘚，就像是一座小山。

A
B

| A | 短肋羽蘚 |
| B | 齒瓣虎耳草 |

花盆尺寸／
9cm×9cm、高7cm

1 從軟盆裡小心取出齒瓣虎耳草
苗，若是根球纏得很緊，可從
下方輕輕梳理1/3左右的根部，
不要讓根球上方的形狀跑掉。

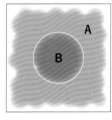

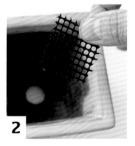

2 配合盆底排水孔的大小裁
剪盆底網。

3 在已放入盆底網的花盆裡，
倒入少量的小粒硬質赤玉土。

4 把1盆苗擺在3的中央。

土壤如小山
隆起！

5

在 **4** 的上方均勻倒入硬質赤玉土，讓盆栽從側面看來像是一座小山，中央自然地隆起。

6

使用剪刀，把短肋羽蘚剪成比花盆還要大的圓形，接著再剪開一半。

剪開的地方
不要擺在正面！

7

決定 **5** 的正面是哪一面，接著用成片的苔蘚從上方蓋住。

8

用苔蘚包覆整個盆栽，把剪開的地方合起來。

要比花盆
大上一圈！

9

用剪刀修剪苔蘚的邊邊角角，配合花盆形狀剪得稍大一點。

使用扁匙時
方向朝內。

10

使用園藝鑷子的扁匙部分，把苔蘚的邊邊角角壓入盆裡。

11

檢查齒瓣虎耳草的基部等處，看看是否都有被苔蘚均勻包覆。

用同一片
苔蘚來補！

12

準備苔蘚以填補缺口，苔蘚的量要比 **11** 的缺口大小稍微多一點。

13

用鑷子夾起 **12** 的苔蘚，壓入 **11** 的缺口中。

留下邊角
會更自然。

14

檢查整個盆栽，若是有苔蘚翹起，就用剪刀修剪形狀。

15

用水沖掉表面的雜質與灰塵，同時充分給水。

把盆栽確實種好

若是有用苔蘚均勻包住山野草的根球，也有把苔蘚的邊邊角角確實塞進盆裡，就算把盆栽倒拿，也不會掉出來。

秋季開花的胡麻花與
葉色轉紅的圓扇八寶

左／把葉片顏色開始轉紅
的日高圓扇八寶種成高高
隆起的圓球狀。
右／白花胡麻花的白花與
綠苔相映成趣。

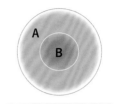

A	短肋羽蘚		A	短肋羽蘚
B	日高圓扇八寶		C	白花胡麻花

花盆尺寸／
直徑9cm、高6cm

花盆尺寸／
直徑10cm、高3cm

主角是
有紅葉跟長花莖的
晚紅瓦松

在熔岩上種植晚紅瓦松，並
在植株腳下鋪設喜愛乾燥的
南亞白髮蘚。晚紅瓦松有長
長的花莖，開出白花。

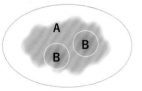

A	南亞白髮蘚
B	晚紅瓦松

盆器尺寸／
25cm×18cm、高10cm

在岩地盛開的人字草
呈現質樸之美

在平坦的石頭中央種入開了白花的人字草，
把比較喜歡水分的緣邊走燈苔跟短肋羽蘚種
在一起的組盆，充滿自然意趣。

A	緣邊走燈苔
B	短肋羽蘚
C	人字草

盆器尺寸／
直徑10cm、高3cm

展現濃濃鄉野風情的金絲草、
日本濱菊、齒瓣虎耳草與伏石蕨

在英國陶藝家製作的花盆裡，種入長了花穗
的金絲草、開了白花的齒瓣虎耳草，以及日
本濱菊，而在苔蘚當中種入伏石蕨。

A	狹葉縮葉苔
B	齒瓣虎耳草
C	日本濱菊
D	金絲草
E	伏石蕨

花盆尺寸／
直徑17cm、高10cm

草本植物的紅葉和野紺菊
在綠苔的襯托下更顯清麗

水甘草的黃葉、八房鼠刺的紅葉、盛開
的野紺菊，從盆栽中央高高隆起。

A	大灰苔
B	野紺菊
C	八房鼠刺
D	沙灘黃芩
E	水甘草

花盆尺寸／
直徑23cm、高6cm

動態的石鎚龍膽
與日本曲尾苔

將莖條微微顫動的紫紅色石鎚龍膽，與外型蓬
鬆有趣的日本曲尾苔，合種在一起的組盆。

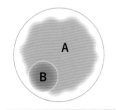

A	日本曲尾苔
B	石鎚龍膽

花盆尺寸／
直徑12cm、高10cm

Chapter 4

用苔蘚打造
微型庭園風格

把香草跟野草種入容器裡

在日常使用的玻璃杯，
或圓形烤盅等小容器裡，
種入體質強健的香草與野草，
並在植株腳下鋪設苔蘚。
少量給水即可。

需要準備的物品（右側的圓形烤盅）
容器（直徑6.5cm、高4cm）、硬質赤玉土
（小粒）、園藝剪刀、園藝鑷子（附扁匙）、
噴霧瓶、筒型鏟

苗／大灰苔：1團、
　　百里香：2.5號軟盆1盆

A	大灰苔
B	百里香
C	黃斑檸檬百里香

容器尺寸／直徑9cm、高5cm（左）、
　　　　　直徑6.5cm、高4cm（右）

把2種百里香跟大灰苔
種入圓形烤盅裡的可愛盆栽

把可入菜的百里香跟大灰苔，一起種
進大小不同的圓形烤盅裡，2種葉片
顏色不同的百里香顯得更可愛。烤盅
沒有排水孔，需注意不要給水過多。

A
C

A
B

1

從軟盆裡小心取出百里香苗，若是根
部纏得很緊，可以在軟盆的側面輕輕
敲一敲。

2

配合圓形烤盅的大小予以分株，找出
植株基部可以自然分株的地方，從那
裡分成2部分。

把根球外側
的土拿掉

3

把步驟2當中分成2部分盆苗根球的土
拿掉一半左右，幫根球瘦身。

4

使用筒型鏟，在容器底部倒入大約 1 公分高的栽培用土，把表面弄平。

5

把 **3** 的盆苗放入 **4** 的中央，盆苗基部與容器邊緣同高。

6

用筒型鏟在 **5** 當中加入栽培用土。

將土壤確實壓平。

7

用手指按壓栽培用土，並壓平土壤。

8

使用剪刀把要拿來種植的苔蘚，修剪成比容器內徑稍大的圓形，接著再剪開一半。

9

把步驟 **8** 當中剪開的部分拉開，從上方蓋住栽培用土，就像是要夾住盆苗基部一樣。

10

把苔蘚鋪在栽培用土上，就像是要包住盆苗一樣。

使用扁匙時方向朝內。

11

使用扁匙的背面，把容器外的苔蘚壓入容器裡。

12

使用噴霧瓶給水，將整個容器噴濕。

後續管理

盆土保持略微乾燥的狀態，擺在不會西曬的明亮處。大灰苔乾了就給水，用手掌壓著大灰苔與百里香，將容器傾斜，把水倒出。

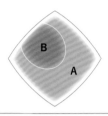

B 印度黃芩
初夏開出許多小花，可利用扦插與分株輕鬆繁殖。

A 短肋羽蘚
B 印度黃芩

容器尺寸／
8.2 cm × 8.2 cm、高 9 cm

開花時有如朵朵浪花般的野草
變身為玻璃杯裡的甜點

這件作品使用了開花時有如朵朵浪花般的印度黃芩，把它種得像是甜點一樣。上午把盆栽擺在曬得到太陽的地方，乾了就給水。給水之後用手掌輕輕壓著苔蘚，把水倒出。

把喜愛水分的山野草跟苔蘚
種入可當成擺飾的玻璃杯裡

在寬口玻璃杯裡，種入可愛的唐松草跟與短肋羽蘚。選擇硬質且顆粒不易碎裂的栽培用土，把喜愛水分的植物跟苔蘚種在一起。

A 短肋羽蘚
B 唐松草

容器尺寸／
直徑 7.3 cm、高 8 cm

B 唐松草
初夏到秋季期間，持續開出粉紅小花的山野草。屬於小型品種，高度大約 5 公分，很好照顧。

讓生長環境一樣的植物變身為杯子蛋糕

把生長在玫瑰腳下的香草植物薄荷跟鐃鈸花，種入透明甜點杯裡。栽培環境一樣的植物種在一起，就構成一幅自然景象。在植株基部的地方，少量多次地種入大灰苔。

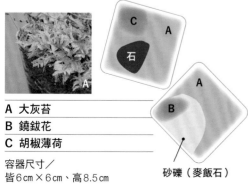

C
A
石

A

B

A 大灰苔
B 鐃鈸花
C 胡椒薄荷

容器尺寸／
皆6cm×6cm、高8.5cm

砂礫（麥飯石）

B 鐃鈸花
在夏季開出淡紫色的小花，根部細而易斷，栽種時得小心。

C 胡椒薄荷
在薄荷當中算是體質強健好照顧的品種，葉部與莖部具有強烈的清涼感。

盤子上的苔蘚森林

在造型簡單的盤子裡種植苔蘚，
就可以欣賞苔蘚的葉片顏色與姿態。
配合盤子形狀的幾何圖形設計不但好看也更有整體感。

用大灰苔在橢圓形盤子裡
打造棋盤狀的苔庭

把成片的大灰苔剪成四邊形，擺成棋盤
狀，打造出微型苔庭。在盤子裡鋪上粗
顆粒的麥飯石以襯托大灰苔，苔蘚與砂
礫的面積大小要一樣。

需要準備的物品
容器（18.5cm×10cm、高2cm）、硬質赤玉土（小
粒）、砂礫（麥飯石）、園藝剪刀、園藝鑷子（附扁
匙）、噴霧瓶、筒型鏟

苗／大灰苔：1團

A 大灰苔

盤子尺寸／
18.5cm×10cm、高2cm

砂礫（麥飯石）

弄平填入的
土壤！

1
使用筒型鏟，在容器底部倒入大約1
公分高的栽培用土。

2
把容器裡的土壤表面弄平，從上方輕
輕壓平。

3
使用剪刀，把要拿來種的苔蘚剪成四
方形，接著剪成2半。

82

4

把 **3** 剪成 2 半，備好 4 片四方形苔蘚。

5

把 **4** 拿來擺擺看，並用剪刀修剪，使其大小與形狀一致。

不要讓
形狀跑掉。

6

使用鑷子，把 **5** 一片片夾起來，種入 **2** 的盤子裡。

7

使用扁匙，把苔蘚的褐色假根埋進土裡。

8

在土壤上方鋪上厚厚一層砂礫，直到看不見土壤為止。

9

使用噴霧瓶給水數次，直到整個容器的土濕透為止。

若是大灰苔變長或者形狀跑掉

大灰苔長得很快，所以形狀會慢慢改變。偶爾要用剪刀修剪，讓形狀維持四方形。

後續管理

大灰苔的葉片前端皺縮就要用噴霧瓶給水，水太多的時候，可以用手掌壓著大灰苔與砂礫把水倒出，或者用廚房紙巾吸水，但需留意不要讓大灰苔與砂礫的形狀跑掉。

A

砂礫（白色大理石）

A 南亞白髮蘚

容器尺寸／
21 cm × 14.5 cm、高3 cm

A

隔著一定的距離
種入南亞白髮蘚
在盤子上打造療癒森林

把圓圓小小的南亞白髮蘚群落，隔著一定的距離栽種，在盤子上打造出療癒感滿分的庭園，圓滾滾的苔蘚群落讓人百看不膩。用小粒的白色大理石充當白雪，鋪滿整個表面。要是苔蘚的表面變白，就用噴霧瓶把它噴濕。

小碟子裡的白氏苔群落
就像附生在石頭上

白氏苔就像是帶有光澤的美麗天鵝絨，成長速度緩慢，就算過了1年，大小也不會有什麼變化。在水滴型的玻璃小碟子裡擺上黏在石頭上的白氏苔，並在周圍鋪上麥飯石，乾了就用噴霧瓶把苔蘚噴濕。

砂礫
（麥飯石）

A

B

A 白氏苔

B 短莖小金髮蘚

容器尺寸／
皆9㎝×6㎝、高4㎝

處於乾燥狀態的白氏苔與短莖小金髮蘚。

飽含水分的白氏苔帶有光澤，短莖小金髮蘚的葉片則會舒展。

85

小型開花樹木與苔蘚之丘

在雅致的玻璃甜點杯或雞尾酒杯裡，
種入開出可愛花朵的
小型開花樹木與鮮綠苔蘚。
乾了就給予充足水分，
將容器傾斜、用手掌壓著苔蘚，
把多餘的水倒出。

將鋸齒繡球花種入玻璃甜點杯 用苔蘚包得圓滾滾的

把喜愛水分的鋸齒繡球花跟短肋羽蘚，種入玻璃甜點杯裡，像是在盛冰淇淋似地讓中央高高隆起。用短肋羽蘚蓋著，就像是要把土壤完全包住一樣。

A 短肋羽蘚
B 鋸齒繡球花「伊予獅子手毬」

容器尺寸／直徑11 cm、高6.5 cm

需要準備的物品

容器（直徑11 cm、高6.5 cm）、硬質赤玉土（小粒）、園藝剪刀、園藝鑷子（附扁匙）、筒型鏟

苗／短肋羽蘚：適量、
　　鋸齒繡球花「伊予獅子手毬」：
　　　　2.5號軟盆1盆

1

使用筒型鏟，在容器底部倒入大約1公分高的栽培用土，輕輕搖晃容器使土壤滑落，把表面弄平。

2

從軟盆裡小心取出鋸齒繡球花苗。

用力捏圓土球！

3

把土球邊邊角角的形狀稍微調整一下，像是在捏飯糰似地把土球捏圓。

留意樹枝的
走向。

讓土壤如小山
隆起。

4

把 **3** 斜斜地擺進 **1** 裡面,觀察樹枝與
花朵的走向讓土球保持平衡,可立著
不倒。

5

在容器跟土球之間填滿栽培用土。

6

從側面看來,土球埋在土裡而且土壤
自然地隆起。

7

修剪要種植的苔蘚,使用剪刀剪成片
狀,大小要比容器的外徑大。

8

使用剪刀把 **7** 剪開一半。

9

把步驟 **8** 當中剪開的部分拉開,蓋在 **6**
的上方,用苔蘚包住土壤。

使用扁匙時
方向朝內。

10

使用扁匙,把苔蘚的邊邊角
角壓入容器裡。

11

使用鑷子,夾起在步驟 **7** 當中剪掉的苔蘚來
種,以蓋住鋸齒繡球花苗腳下的土壤。

後續管理

每天從苔蘚上方給水 1 次,水量要
夠。給水之後用手掌輕輕壓著苔
蘚,將容器傾斜,把水倒出。倒水
時需注意不可搖晃容器,也不要讓
苔蘚跟鋸齒繡球花的形狀跑掉。

B 紫金牛
初夏開出粉紅色的星形
花朵，秋季結出紅色果
實。剪下過長的枝條，
插進水裡就會長根。

A 短肋羽蘚
B 紫金牛

花盆尺寸／
直徑12.5㎝、高5.7㎝

把體質強健易照顧的紫金牛
與短肋羽蘚一起種入釉盆裡

紫金牛不管是種在遮蔭處或陽光直射的地方都
能活，也可以種在室內。這件作品是把紫金牛
種入釉盆裡，並用鑷子在紫金牛腳下，種植剪
成一小塊一小塊的短肋羽蘚。只要每天給予1次
足夠的水分，就會長得很好。

在咖啡歐蕾杯裡種入
圓滾滾的開花樹木與苔蘚

在圓滾滾的咖啡歐蕾杯裡，種
入有著圓滾滾的可愛小花的灌
木，並搭配圓滾滾造型的苔
蘚。因為是種在不透明容器
裡，不確定水量是否足夠時可
以摸一下苔蘚，若是摸起來涼
涼的，表示還有水。

A 南亞白髮蘚
B 水團花

容器尺寸／
直徑12㎝、高6㎝

B 水團花
生長在山谷潮濕處的
常綠灌木，夏季的時
候會開出又白又圓的
可愛花朵。

A　大灰苔
B　鋸齒繡球花「伊予獅子手毯」

容器尺寸／直徑8cm、高12cm

**B 鋸齒繡球花
　「伊予獅子手毯」**
鋸齒繡球花會開出許多如
同手毯般的小花，雖是小
型品種，卻是體質強健又
很會開花，也適合種在西
式庭園裡。

在雞尾酒杯裡
保持平衡的
鋸齒繡球花
與大灰苔

雞尾酒杯很容易打翻，所
以要把鋸齒繡球花的重心
擺在玻璃杯中央，修剪枝
葉以保持平衡。不剪根
部，只要抖落多餘的土壤
且讓中央高高隆起，接著
用大灰苔包覆即可。

若跟P.86種在甜點杯裡的鋸齒繡
球花（照片前方）一起擺在桌
上，看起來會更搶眼。

生態模型風格的苔盆

試著在塑膠保鮮盒或小盒子等容器，
用苔蘚打造出生態模型風格的作品吧。
使用前先在容器底部鑽孔以便排水。
擺上石頭或公仔會更有氣氛。

在保鮮盒裡
重現微型綠洲

在保鮮盒裡種入南亞白髮蘚，並擺上有紋路的石頭以重現微型綠洲。以白色大理石充當水，打造出鳥兒短暫停留休息的地點。

砂礫（白色大理石）

A 南亞白髮蘚

容器尺寸／
18cm×13cm、高4.5cm

需要準備的物品

容器（18cm×13cm、高4.5cm）、硬質赤玉土（小粒）、砂礫（白色大理石）、石頭2顆、公仔2個、盆底網4片、噴霧瓶、園藝鑷子（附扁匙）、筒型鏟

苗／南亞白髮蘚：適量

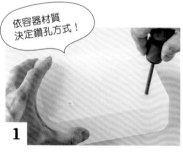

依容器材質
決定鑽孔方式！

1

在容器底部鑽孔以便排水，因為是塑膠材質，可用瓦斯爐等設備，將螺絲起子加熱後，在底部鑽孔。

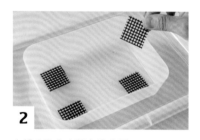

2

在排水孔上方蓋上盆底網。

用手壓著
盆底網再倒！

3

在**2**裡面倒入硬質赤玉土，直到距離上緣1.5公分左右的地方為止。

90

4

輕輕搖晃步驟 **3** 的容器以填入土壤，把表面弄平。

不要排成
一直線。

5

將 2 顆石頭放進步驟 **4** 的容器裡，並且埋入 1/3。

6

用手剝開苔蘚，分成 4 大塊。

7

由大至小依序將 **6** 擺到 **5** 的上方，像是要把石頭圍起來一樣。

8

容器與石頭之間的狹窄空間，可用鑷子夾起剝成小塊的苔蘚來種。

直到看不見
褐色假根為止。

9

用手指頭壓著苔蘚，把假根埋進土裡。

10

使用扁匙，在容器裡的土壤上鋪設砂礫，直到看不見土壤。

11

使用鑷子夾起公仔，把底座埋進土裡。

後續管理

南亞白髮蘚若是乾掉就會變白，因此要觀察苔蘚的狀態，並偶爾用噴霧瓶給水。

砂礫（白色大理石）

A 節莖曲柄苔

容器尺寸／
26 cm × 18.5 cm、高 4.5 cm

以節莖曲柄苔群落
呈現古都的苔庭景色

利用顏色跟紋路都很漂亮的山形石，與節莖曲柄苔的小群落，呈現出古都的苔庭景色。節莖曲柄苔濕潤的時候是深綠色，乾了則會變成暗綠色的棒狀葉。

利用矮生石菖蒲與石頭
打造微型苔蘚箱庭

利用生長緩慢且相當厚實的南亞白髮蘚群落，呈現出稍有高低起伏的地形。體質強健且成長緩慢的苔蘚，搭配山野草的組盆，不僅容易管理，也可以長久賞玩。

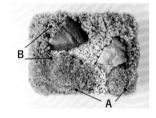

A 南亞白髮蘚
B 矮生石菖蒲

容器尺寸／
18 cm × 13 cm、高 4.5 cm

B 矮生石菖蒲
石菖蒲的矮生種，
長約 5～10 公分。
喜愛水邊，栽種時
淺埋入土即可。

從側面觀賞下方的苔盆，
石化檜的樹形相當獨特。

用3種苔蘚跟石化檜
在縱長型的容器裡構築草原小徑

在近處栽種較高的日本曲尾苔與曲尾苔，遠處則種植較低的大灰苔等品種，以呈現遠近感。石化檜生長緩慢，所以能長久賞玩。如同P.90的做法，先在容器鑽孔，乾了就給予足夠的水。

D　A
B
B
D　C
　　　砂礫
　　　公仔
C
　　　砂礫
A　　（麥飯石）
B

A	大灰苔
B	日本曲尾苔
C	曲尾苔
D	石化檜

容器尺寸／
26cm×9cm、高4.5cm

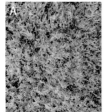

D 石化檜
葉子比一般的八房檜還要小而皺縮，常被用於盆栽中。

微型苔蘚庭園風格

試著用苔蘚在庭院一角打造微型庭園吧。
重點是曬得到太陽跟曬不太到太陽的地方，
要選用不同的苔蘚。
而合種在一起的植物，
要選擇適合該環境的品種。

需要準備的物品
硬質赤玉土（小粒）、砂礫（適量）、石頭3顆、
園藝剪刀、園藝鏟、穴植鏟

苗／大灰苔：1片、
　　常綠淫羊藿、黑葉麥冬、平鋪白珠樹、
　　東方胡麻花：各1盆
　　岩團扇：3盆
　　雪割草（大三角草）：2盆

G F E D C B A

砂礫　　　　　石頭

A	大灰苔	E	平鋪白珠樹
B	常綠淫羊藿	F	東方胡麻花
C	岩團扇	G	雪割草（大三角草）
D	黑葉麥冬		

栽種面積／37cm×20cm

若是曬得到太陽
可選擇種植能在陽光直射之處
生長的大灰苔。

After

利用初春開花的山野草與苔蘚打造出越後林地

在陽光灑落的路徑種下初春就會開花的雪割草（大三角草）等山野草，並栽種黑葉麥冬、有著漂亮果實的平鋪白珠樹作為裝飾重點，最後鋪上大灰苔，並選擇原生地環境相仿的品種。

Before

上午好幾個小時都曬得到太陽的路徑，兩旁的狹長空間有赤竹生長。

[栽種前的準備]

1 拔除栽種地點的赤竹，挖出地下莖。

2 從表面挖除2～3公分左右的土，裝進袋子裡運走。

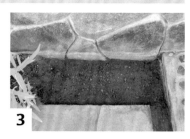

3 把表面稍微弄平，用腳壓實踩平。

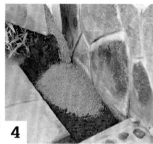

在 **3** 裡面倒入硬質赤玉土。
4

5

倒入栽培用土，直到比路面鋪設的石板低約 1 公分為止，把表面弄平。

[種入盆苗]

1 擺上石頭跟盆苗，決定栽種位置。

盡量別讓土球變形。

2 從角落依序種起，從軟盆裡小心取出盆苗。

3 用穴植鏟挖洞，把 **2** 放進洞裡，注意不要傷到根部。

4 把左右側的土撥過來種好。

5 把旁邊的石頭埋進土裡 1/3 左右，接著從軟盆裡取出要種在旁邊的盆苗，同樣種進土裡。

6 用同樣的方法，在其餘的種植區域種入盆苗。

[種入苔蘚並做最後修飾]

1

所有盆苗都已種好，並擺上石頭。

2

使用園藝鏟，在打算鋪上砂礫的地方畫線做記號。

3

使用園藝鏟，從內側的邊邊角角種入苔蘚。石頭或牆壁旁邊的地方，可以用園藝鏟把苔蘚的邊邊角角塞進去。

4

空間狹窄的地方，可以拿已剝成小塊的苔蘚來鋪設。

5

盆苗腳下的地方，可以先把苔蘚剝得更小再來鋪設。

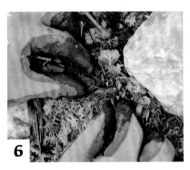

6

仔細鋪上苔蘚，注意不要讓苔蘚蓋住盆苗的葉片。

7

依照空間大小，決定要把苔蘚剝成什麼樣的大小，在整個栽種區域內均勻鋪上苔蘚。

8

在步驟 **2** 畫線做記號的地方，鋪上厚厚一層砂礫，直到看不見土壤為止。

9

給水數次，直到整個栽種區域都濕透為止。

後續管理

每天使用可以噴出細緻噴霧的灑水壺，噴灑所有的苔蘚，水量要夠，夏天要注意不要讓苔蘚乾掉。

若是曬不到太陽

可選擇栽種適合半日照的
短肋羽蘚。

Before

高高圍牆下方的郵箱前空間，這裡的陽光總是會被擋住。

A	短肋羽蘚	E	吉祥草
B	東方胡麻花	F	雪割草（大三角草）
C	平鋪白珠樹	G	蕨類
D	黑葉麥冬		

栽種面積／37 cm × 45 cm

After

郵箱前的閒置空間
變身為美麗的微型苔蘚庭園

郵箱前方的這個空間曬不到太陽，這一區的植物都長不好，因此並未加以使用。把將土壤更換為栽培用土之後，種入可在遮蔭處生長的短肋羽蘚，把這裡改造成微型苔蘚庭園，讓這個空間變身為適合綠苔與山野草生長的濕潤環境。

苔蘚庭園

●東京都町田市　前島公館

雜木林與山野草之間的一抹綠意

　　住在町田市的前島光惠女士，以熱愛山野草而聞名。前島女士的庭園以枹櫟、昌化鵝耳櫪等雜木為主軸。有高低起伏的植栽空間裡，除了好幾種苔蘚所形成的綠毯之外，還種了許多山野草。

　　春天有苔蘚與印度黃芩競相生長，在步道石周圍開花。等到秋季來臨，由綠轉紅的葉片落在苔蘚上，顯得分外美麗。

　　據說前島女士當初是想打造苔蘚庭園，因此到附近的林地採集苔蘚，讓苔蘚附生在庭園裡的步道石上，一步一腳印地繁殖苔蘚。不知道從什麼時候開始，苔蘚各自找到自己喜歡的地方，融入了自然景色中。點綴在雜木林與山野草之間的一抹綠意，不僅讓庭園別具一格，也更有整體感。

可在屋內欣賞紅葉的庭園，綠意盎然的苔蘚點綴了植栽空間，讓庭園更顯幽深。

榉樹腳下的大石頭，被深綠色的緣邊走燈苔所包覆。吉祥草與淫羊藿的周圍，也有一大片的緣邊走燈苔。

葉片顏色隨著蝦脊蘭一同轉變的卷柏周圍，有著如同地毯般生長的水生長喙蘚。

被蕨類所圍繞的大塊石頭上，有伏石蕨與緣邊走燈苔附著生長。

Chapter 5

容易照顧的
苔蘚品種
與其圖鑑

[圖鑑內容介紹]

苔蘚名稱

苔蘚的種類與科名

栽培難度… ★ 簡單、
★★ 普通、
★★★ 困難

日照…
★ 遮蔭處（室內無照明）
★★ 半日照（室內有照明）
★★★ 早上曬得到太陽的地方（掛上蕾絲窗簾的窗邊）

耐熱性… ★ 怕熱
★★ 居中
★★★ 耐熱

濕度… ★ 喜愛乾燥
★★ 喜愛適當的濕度
★★★ 喜愛潮濕狀態

暖地大葉苔

苔蘚植物門（蘚類） 高苔科

栽培難度 ★★（普通）

日照 ★ 耐熱性 ★ 濕度 ★★

被譽為「苔蘚女王」的美麗姿態

在常綠樹下方的遮蔭處，或有落葉堆積的平緩坡地上，形成小小的群落。靠著長長的地下莖相連並且繁殖，高約6～8公分。挺直的莖條前端，有1～2公分大小的深綠色長鱗片狀葉，呈放射狀。日本海側的區域，可見到小型的大葉苔。若是要製作生態瓶，可有蓋容器裡多倒入一點栽培用土，讓地下莖埋在土中成長。有葉子的莖條1年就會枯萎，到了春天又會從地下莖長出新葉。除了日本本州、四國、九州與沖繩以外，中國、夏威夷、南非以及馬達加斯加，亦可見到其蹤跡。

舒展的葉片看起來就像一把撐開的傘，這是大葉苔中最大型的品種。下方照片為乾燥狀態。

此處說明苔蘚的特徵與栽培重點。

梨蒴珠苔

苔蘚植物門（蘚類） 珠苔科

栽培難度 ★★（普通）

日照 ★★ 耐熱性 ★★ 濕度 ★★

明亮的綠色葉子與圓滾滾的孢子囊相當可愛

生長在高濕度，並且無陽光照射的明亮山崖，或溪流沿岸的乾燥坡地，與東方胡麻花生長於同一處。7公釐大小的明亮綠色針狀葉又尖又細，呈放射狀，莖長5公分左右。圓滾滾的孢子囊頗為可愛，因此備受喜愛。孢子囊一開始為綠色，成熟之後，中心部分帶有紅色。若是要製作生態瓶，可將其黏在石頭上，或者盡量擺在高處。假根不能浸在水裡，所以必須把瓶蓋半開，讓空氣得以流通。分布於日本全國各地與北半球。

梨蒴珠苔的孢子囊看起來就像青蘋果，所以在國外被稱為「Apple Moss」。

緣邊走燈苔

苔蘚植物門（蘚類）　提燈苔科

栽培難度　★★★（困難）

日照 ★★　耐熱性 ★★　濕度 ★★★

具有透明感的綠色圓葉，受到許多人喜愛，種在有蓋容器裡更顯透明。

具有透明感的綠色圓葉相當美麗

在有許多日本柳杉的道路兩旁或水邊，潮濕的岩石表面，或有沉積物的岩石上，如同地毯般生長。具有透明感的綠色葉片，沿著地面匍匐生長。前端銳尖的卵形葉片長約3公釐，以大約2公分的高度橫向擴展。雄株看起來像是盛開的綠色小花，非常不耐旱，若是要製作生態瓶，就要種在有蓋容器或積水容器當中。如果濕度不夠，葉片邊緣就會變白皺縮，一旦變白就再也無法恢復原狀。分布於日本全國各地與亞洲。

日本曲尾苔

苔蘚植物門（蘚類）　曲尾苔科

栽培難度　★★（普通）

日照 ★　耐熱性 ★　濕度 ★★

蓬鬆茂密的鮮綠葉片

生長在雖無陽光照射，但周遭環境明亮，偶爾會起霧的潮濕腐葉土之上，常見於亞高山帶。莖部挺直，高約10公分，假根一帶為白色，這一點跟其他類似的苔蘚有所不同，鮮綠色的細長葉片長約10公釐。栽種時要把假根埋入栽培用土裡，一直處於潮濕狀態是不行的，乾了才給水就好。不耐高溫多濕，悶熱的環境會使其變色枯萎。一旦有哪裡腐爛，很容易就會擴散，因此要盡快把腐爛的部分清除。分布於北海道至九州、朝鮮半島以及中國等地。

讓人忍不住想伸手摸摸看的蓬鬆葉片，讓人聯想到動物的毛髮。

土馬鬃

苔蘚植物門（蘚類） 金髮蘚科

栽培難度 ★★（普通）

日照 ★★★ 耐熱性 ★★ 濕度 ★★

打造苔庭會用到的金髮蘚科代表種

在明亮的赤松林、山中避暑地、林道兩旁，或濕地形成50公分左右的大片群落。不長分枝，而是一根根單獨成長，葉片長約1公分，呈放射狀。土馬鬃是打造苔庭會用到的金髮蘚科代表種，在合適環境中可長到20公分大小。栽種時要先把落葉或腐爛的部分清除之後才使用，假根浸在水中會腐爛枯死，這一點要注意。若是金髮蘚科的植物乾掉，葉片很快就會皺縮，因此可經常用噴霧瓶給水。分布於日本全國各地與全世界。

赤松林中的群落，就連中心處也是美麗的綠色。

暖地大葉苔

苔蘚植物門（蘚類） 真苔科

栽培難度 ★★（普通）

日照 ★ 耐熱性 ★ 濕度 ★★

被譽為「苔蘚女王」的美麗姿態

在常綠樹下方的遮蔭處，或有落葉堆積的平緩坡地上，形成小小的群落。靠著長長的地下莖相連並且繁殖，高約6～8公分。挺直的莖條前端，有1～2公分大小的深綠色長鱗片狀葉，呈放射狀。日本海側的區域，可見到小型的大葉苔。若是要製作生態瓶，可在有蓋容器裡多倒入一點栽培用土，讓地下莖埋在土中成長。有葉子的莖條1年就會枯萎，到了春天又會從地下莖長出新莖。除了日本本州、四國、九州與沖繩以外，中國、夏威夷、南非以及馬達加斯加，亦可見到其蹤跡。

舒展的葉片看起來就像是一把撐開的傘，這是大葉苔當中最大型的品種。下方照片為乾燥狀態。

狹邊大葉苔

苔蘚植物門（蘚類） 真苔科

栽培難度 ★★（普通）

日照 ★　耐熱性 ★　濕度 ★★

葉子小小的大葉苔

生長在高原、高海拔山區半陰處的常綠樹下，或是有落葉堆積的地面或岩石上，與短肋羽蘚等品種一同形成小小的群落。靠著長長的地下莖相連，高約1公分，挺直的莖條前端有放射狀的深綠色長鱗片狀葉。若是種在生態瓶裡，可在有蓋容器裡，多倒入一點栽培用土，讓地下莖埋在土中成長。有葉子的莖條1年就會枯萎，到了春天又會從地下莖長出新莖與新葉。除了生長在日本北海道、本州與四國之外，也分布在歐洲與北美地區。

葉片舒展之後，看起來就像是一朵小花。與同為真苔科的暖地大葉苔相較之下，尺寸非常迷你。

短肋羽蘚

苔蘚植物門（蘚類） 羽蘚科

栽培難度 ★★（普通）

日照 ★★　耐熱性 ★★　濕度 ★★

葉片顏色會因為有無日照而出現變化，介於黃綠色到深綠色之間，即使浸在水中也能生長。

無論乾燥或潮濕都能生長

在草木繁生之處，或山區的半日照坡地、岩石表面等處，如同地毯般生長。莖長約為15公分，莖上密布著1公釐大小的葉片。外型與蕨類植物中的兔腳蕨相似，故有此名。若是葉片乾掉，很快就會皺縮，濕潤的時候是綠色，冬天則會轉變成金黃色。短肋羽蘚不僅耐旱，在潮濕的環境中也能成長，所以很好運用。成片的短肋羽蘚不易散亂，適合製成苔球或組盆等。另外，購買時建議選擇體質強健不易枯萎的人工培育品。分布於日本全國各地、台灣以及朝鮮。

偏葉澤蘚

苔蘚植物門（蘚類）　珠苔科

栽培難度　★★（普通）

日照 ★★　耐熱性 ★★　濕度 ★★★

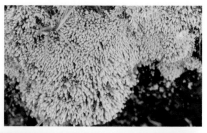

清澈的溪流旁邊的岩石上的黃綠色群落顯得格外美麗，在適合生長的環境中會形成大片群落。

喜歡生長在水花飛濺的壁面或溪流

　　生長在水花飛濺的圳溝壁面，或有泉水湧出的岩壁上。長1～5公分的紅褐色莖條上，密布著許多大約2公釐長的黃綠色鋸齒狀葉，形成2～5公分大小的群落，即使浸在水中也能生長。喜愛水溫較低的環境，不耐旱，若沒有一直灑水就會枯萎。如果以水陸缸等設備栽種，水溫升高就會枯萎，因此建議安裝可讓水不斷循環的魚缸冷水機。分布於日本全國各地的溪流或水邊，以及亞洲、非洲等地方。

大灰苔

苔蘚植物門（蘚類）　灰苔科

栽培難度　★★★（困難）

日照 ★★　耐熱性 ★★　濕度 ★★

葉子變色的時候顏色偏黃，生長於山野卻不好照顧，澆水時不可使用自來水。

具備羽毛般的葉片，討厭自來水

　　在日照充足的平緩坡地或赤松林中，如同地毯般往四周擴展。春季至秋季為黃綠色，到了冬季則轉變成鮮明的金黃色。葉片在乾燥時皺縮而且顏色偏黃，長約10公分的莖條上密布著許多葉片。氯不利於大灰苔生長，所以不適合用自來水澆水。此外，鹼性也會帶來負面影響，葉片會因此而發黃枯萎。耐不住悶熱，因此組盆會比生態瓶更加合適。假根不可浸在水裡，因此要注意盆內是否積水。日本全國各地皆可見到其蹤跡，分布在東亞到東南亞的範圍內。

擬東亞孔雀苔

苔蘚植物門（蘚類）　孔雀苔科

栽培難度　★★（普通）

日照 ★★　　耐熱性 ★★　　濕度 ★★

呈現扇形開展的葉片就像孔雀

　　成簇生長在陽光被擋住的潮濕坡地或岩石上，地下莖長出分枝後彼此相連，1～2.5公分高的挺直莖條，橫向長出扇形帶葉枝條。乾燥的時候，開展的枝條就會收闔，葉片顏色則會變得接近於褐色。長1.5公釐的褐綠色卵形葉不具透明感，附著在呈現扇形開展的枝條上。若是要製作生態瓶，建議種在有蓋容器裡，假根不可浸在水中，所以要種在不會泡到水的地方。生長在日本本州、四國以及九州，中國與北美西部亦可見到其蹤跡。

有如孔雀開屏般的外型，因此被稱為孔雀苔。

大焰蘚

苔蘚植物門（蘚類）　檜苔科

栽培難度　★★（普通）

日照 ★★　　耐熱性 ★★　　濕度 ★★

蓬鬆得像是鼬鼠的尾巴

　　生長在明亮、通風良好的森林坡地。群落大小約為10公分，環境若是適合生長，就會擴展成一大片，大焰蘚喜歡生長在比土馬騌生長處還要乾燥一點的地方。莖條長約10公分，不具透明感的黃綠色針狀葉，大約有10公釐長，密布於莖上。製作組盆時容易跟其他植物搭配，若是要製成生態瓶，適合種在無蓋容器裡。給水時要用噴霧瓶噴灑葉片，假根浸在水中容易枯死，這一點要多加注意。日本本州、四國、九州以及沖繩皆可見到其蹤跡，此外也分布在朝鮮半島、中國以及馬來西亞。

蓬鬆的外型使大焰蘚有「鼬鼠尾巴」的稱號，乾燥時葉片會向內捲曲成細長條狀。

南亞白髮蘚

苔蘚植物門（蘚類） 白髮蘚科

栽培難度 ★★（普通）

日照 ★ 耐熱性 ★★ 濕度 ★

苔庭的代表性品種，三大苔蘚之一

生長在日本柳杉的樹幹、根部一帶，或混雜砂礫的土壤上。打造苔庭會用到許多南亞白髮蘚，南亞白髮蘚與檜葉金髮蘚、砂蘚並列為三大苔蘚。高1～3公分，葉片則是長約4公釐的針狀葉。葉片乾掉的時候，顏色看起來有如白髮，因此被稱為白髮蘚。群落一般為4公分大小，但有時會相互毗連，形成大片群落。耐不住悶熱，所以生態瓶等密閉容器，要種在假根不會泡到水的地方。分布在日本全國各地、亞洲，以及歐洲。

葉片濕潤而飽含水分時為翠綠色（上圖），乾燥時則是半透明且顏色極淡的抹茶色，接近於白色（左圖）。

鼠尾蘚

苔蘚植物門（蘚類） 青苔科

栽培難度 ★（簡單）

日照 ★★ 耐熱性 ★ 濕度 ★★

質地硬而細長，有如老鼠尾巴

在陽光被擋住的樹木根部一帶、岩壁、山徑溝渠兩旁，或石墻等處宛如同地毯般生長。偏愛通風良好的地方，長一點的個體大小約有4公分。有光澤的暗綠色葉片前端為綠色，大約1公釐大小的圓形葉相當茂密，越是前端的葉片就越小。不管是潮濕還是乾燥，從外觀上看來都沒什麼變化。外型近似於老鼠的尾巴，故有此名。假根彼此相連因此方便栽種，適合種在有蓋容器裡。分布於日本全國各地，以及阿拉斯加與亞洲。

遮蔭處的鼠尾蘚長而下垂，陽光直射之處的則是比較短。用手觸摸會發現質地偏硬，不像是苔蘚的觸感。

節莖曲柄苔

苔蘚植物門（蘚類）　曲尾苔科

栽培難度　★★（普通）

日照 ★★★　耐熱性 ★★　濕度 ★★

生長緩慢卻如同地毯般美麗

生長在有陽光照射的岩石凹陷處或砂質土壤上，有光澤的綠色葉片，形成橢圓形的群落。高約1公分，葉形為筆狀。不喜歡水分，在潮濕的狀態下栽培就會腐爛。要是種在乾燥的環境裡，3個月就有可能長出新芽。生長速度相當緩慢，群落面積擴大為2倍需花費3年左右的時間。不適合用於製作生態瓶、生態缸或苔球等，但可種在盆栽裡，或是跟喜愛乾燥的苔蘚一起製作成組盆。分布於日本本州至沖繩，以及亞洲的溫帶地區至熱帶地區。

生長在明亮、排水性佳，並且通風良好的岩石上等地方，葉片的質感跟顏色都很美。

東亞萬年苔

苔蘚植物門（蘚類）　萬年苔科

栽培難度　★★★（困難）

日照 ★　耐熱性 ★★　濕度 ★★

被封「苔蘚之王」，主角級美麗模樣

生長在陽光灑落林間，高空氣濕度的深山裡的腐葉土上。如同微型椰子樹般的外型以萬年苔來說相當少見，如此美麗的模樣為其獲得不少人氣。高約10公分的纖細莖條長出分枝，上面有2.5公釐大小的葉片。地下莖在分枝之後長長地延伸，前端分別長出莖條，地面上則有葉片舒展。地上部可存活1至2年，由於地下莖往橫向延伸，栽種時必須使用夠寬的容器。從日本北海道到四國皆可見到其蹤跡，也分布在東亞與北美地區。

生長在潮濕，並且有落葉腐化分解的地方，外型有如微型針葉樹而非苔蘚，讓人印象深刻。下方的照片是外型近似於東亞萬年苔的樹蘚，分枝多而細。

白氏苔

苔蘚植物門（蘚類） 曲尾苔科

栽培難度　★★（普通）

日照 ★★★　耐熱性 ★★　濕度 ★

讓人聯想到獅子鬃毛的綠色葉片

　　生長在有陽光照射的大樹根部、山區岩石凹陷處，或砂質土壤上。美麗的綠色針狀葉約有1公分大小，有明顯的光澤，形成圓形或長卵形的群落。生長速度相當緩慢，群落面積擴大為2倍，有時需花費3年的時間。由於葉質偏硬，就算乾掉，從外觀上看來也沒什麼變化。不喜歡水分，所以要種在無蓋容器裡，並保持略微乾燥。長期處於潮濕狀態就會長出根黴，最後變黑枯萎。除了日本北海道、本州、四國與九州以外，也分布在朝鮮、中國、非洲以及北美地區。

蓬鬆而美麗的綠色苔蘚，濕潤時帶有明顯的光澤。

大葉鳳尾苔

苔蘚植物門（蘚類） 珠苔科

栽培難度　★★（普通）

日照 ★　耐熱性 ★　濕度 ★★

讓人聯想到鳳凰羽毛的美麗苔蘚

　　生長在有水滲出的半陰處的岩石表面、瀑布旁邊的岩壁，或溪流附近的崖岸。下垂的莖條長約5公分，葉片約為5公釐大小，分成左右兩邊排列，就像鳥類的羽毛一樣。葉片乾掉的時候是暗綠色，濕潤時則是帶有光澤的深綠色，葉片就算乾掉也不會皺縮。喜歡生長在石灰岩地，如果土壤偏酸就不容易成長。若是要製作生態瓶，種在有蓋容器裡就會長得很好。假根相互連接，因此要用剪刀連同假根一起剪開才能使用。大多分布在日本本州到九州的範圍內，台灣也有生長。

葉片濕潤的時候是美麗的深綠色，帶有光澤，外型像是鳥類的羽毛而非苔蘚。

萬年苔

苔蘚植物門（蘚類）　萬年苔科

栽培難度　★★（普通）

日照 ★　耐熱性 ★★　濕度 ★★

讓人想起遠古時代的樹狀外觀

　　成簇生長在半日照林地的腐葉土上，或溪流沿岸的遮蔭處的岩石上。莖長2～3公分，一片葉子大約是2公釐大小，相當精細，葉片前端為鋸齒狀。在溫度穩定的環境中比較容易成長，因此建議使用有蓋容器來製作生態瓶。萬年苔的外型就像是大型樹木的葉子，放大後的影像會讓人想起遠古時代，因此常被用於製作生態瓶或生態缸。萬年苔大多分布在日本北海道與本州的中部以北地區，東亞、歐洲、北美地區以及紐西蘭亦可見到其蹤跡。

萬年苔是東亞萬年苔的同屬物種，但較為嬌小，樹狀外觀使其與其他苔蘚有所區別。

曲尾苔

苔蘚植物門（蘚類）　曲尾苔科

栽培難度　★★（普通）

日照 ★　耐熱性 ★　濕度 ★★

姿態豐富多變，常被用於製作苔庭

　　在赤松林、日本落葉松林，或深山裡的樹木根部一帶，以及落葉堆疊處上方，形成群落生長。莖長8公分左右，葉片小而尖，大約為8公釐大小，顏色是略暗的綠色，乾燥時捲曲上翹。在庭院栽種時，可先鋪上小粒的硬質赤玉土，接著把整個群落擺上去，用手掌輕輕壓進土裡，讓假根埋入土中。喜愛遮蔭處，因此可在四周栽種山野草，以免直接照射到陽光。除了日本全國各地之外，也廣泛分布於紐西蘭與北半球。

葉片前端朝向同一個方向是曲尾苔的特徵，這一點不同於日本曲尾苔等同屬物種。姿態豐富多變的暗綠色葉片，相當具有吸引力。

東亞砂蘚

苔蘚植物門（蘚類） 紫萼蘚科

栽培難度　★★（普通）

日照 ★★★　耐熱性 ★★　濕度 ★

有著小小的星形葉片，喜愛日照

　　生長在日照充足並且通風良好的岩石上、沙地草原或者有沙子堆積的道路兩旁等處。如果生長環境合適，可以長到5公分左右，變成拖把般的形狀。被雨水打濕就會變成明亮的黃綠色，葉片舒展成漂亮的星形，如同地毯般往周圍擴展，不過假根很少會連在一起，因此很容易就能把它們1根1根分開。不喜歡水分，除了留意在栽種時不要泡在水裡，也可以弄成盆栽。討厭濕氣，因此不適合種在密閉容器裡。分布於日本全國各地與北半球。

葉片在乾燥時為黃色，前端會變白且扭曲皺縮。葉片在濕潤時舒展，看起來就像是小星星一樣。

蛇苔

地錢門（苔類） 蛇苔科

栽培難度　★★★（困難）

日照 ★　耐熱性 ★　濕度 ★★★

蛇鱗紋與清爽的香味

　　生長在涼爽而且有水滲出的遮蔭處斜坡面、河流兩旁的潮濕岩面，或者潮濕陰暗的斜坡地等處。帶有光澤的翠綠色葉片，大約可長到10公分大小，葉狀體的背面有長長的白色線狀假根。折斷或搓揉葉片的時候，可以聞到薄荷或柑橘類的清爽香味，這一點以苔蘚來說相當罕見。不過，這個香味會有個別差異。由於外型獨特，受到許多人喜愛，也被用於製作生態瓶或生態缸。喜愛水分，所以很適合種在有蓋容器裡。廣泛分布於日本全國各地與北半球。

若生長環境合適，就會往周圍擴展，覆蓋住整個壁面。看起來像是蛇鱗一樣，因此被稱為蛇苔。

Chapter 6

苔蘚之旅！
觀賞苔蘚的
好地點

京都
Kyoto

悠閒欣賞寺院裡的苔庭風光

　　京都的許多寺院內都有美麗的苔庭，漫步古都固然很有意思，而走訪各地寺院裡的美麗苔庭也很值得推薦。

　　建仁寺的石頭、苔蘚與紅葉，是絕妙的組合。苔庭前方有長椅，可以坐下來慢慢欣賞。

　　妙心寺長興院的規定是，領取了御朱印就可以參觀苔庭。苔庭四周種植許多山野草，若是在夏季即將結束時前來參訪，就可以欣賞夾雜在苔蘚中，紫色玉簪花盛開的美麗景象。妙心寺桂春院中有從長濱城遷移過來的書院，書院前方的苔庭十分幽靜雅致。

　　圓光寺有紅葉與苔蘚的美麗小森林，可同時欣賞新綠與紅黃葉片的苔庭，非常吸引人，冬雪落在光禿禿的枝頭上，當陽光灑落時的景象，更是美得令人屏息。除此之外，金閣寺的庭園也很美麗。各位讀者不妨來京都，尋找自己中意的苔庭吧。

建仁寺的苔庭，就連石頭跟紅葉的位置也很巧妙，可以坐在椅子上慢慢欣賞。

金閣寺白雪皚皚的冬景。任何季節到訪，都有其獨特風貌。

在圓光寺的苔庭裡，枝頭上的紅葉，與猶如盛開的花朵般璀璨的白雪交相輝映。

妙心寺長興院的苔庭，紫色的玉簪花在夏季即將結束時綻放。

妙心寺桂春院的苔庭，沉靜典雅的氣氛沁人心脾。

〈交通指引〉

建仁寺
　從JR京都車站搭乘市區公車206號、100號，在「東山安井」站下車。

妙心寺長興院、妙心寺桂春院
　從JR京都車站搭乘市區公車26號，在「妙心寺北門前」站下車。

圓光寺
　從JR京都車站搭乘市區公車5號，在「一乘寺下松町」站下車。

金閣寺
　從JR京都車站搭乘市區公車101號、205號，在「金閣寺道」站下車。

橫跨蔚藍海面的古宇利大橋，讓人確實感受到南方島嶼氣息。

↓爪哇白髮蘚是白髮蘚科最大型的苔蘚，葉片有18公釐長。

←在黑暗中綻放並且散發馨香的穗花棋盤腳，場面相當夢幻。

↓燕尾蕨是少有機會見到的蕨類植物，栽培困難。

↓巨大的蕨類植物筆筒樹，以及冬季開花的琉球寒緋櫻。

沖繩
Okinawa

山原森林的罕見植物與大型苔蘚

　　沖繩不但有蔚藍的大海，以及白色的珊瑚沙灘，更是植物的寶庫。

　　沖繩的琉球寒緋櫻在1月份開花，因此早早就能賞花。位於本部町的八重岳，除了琉球寒緋櫻以外，還有日本最大的常綠性蕨類植物，高度可達10公尺的筆筒樹可欣賞。

　　首里城一帶所種的行道樹是穗花棋盤腳，7月份每到太陽下山的時間就會開花。

　　光是能看到這些罕見植物，就很令人開心了，而且這裡還有沖繩特有的苔蘚。

　　生長在沖繩本島的爪哇白髮蘚是白髮蘚的一種，葉片甚至可長到將近3公分的大小，只要在山原森林遮蔭處的潮濕岩石上找找看，就能看到這種大型苔蘚。若是在附近找一找，或許也能看到燕尾蕨這種特殊的蕨類植物。

〈交通指引〉

山原森林
　　開車沿著沖繩汽車道行駛，在許田交流道銜接國道58號北上。

八重岳
　　開車沿著沖繩汽車道行駛，在許田交流道銜接國道449號，隨後於Bel Beach高爾夫球俱樂部的T字路口右轉。

中之条
Nakanojo

鮮明翠綠的火山葉蘚公園

位於群馬縣西北部，吾妻郡的中之条町（原六合村），此地有火山葉蘚這種天然記念物聚集叢生。溪流旁邊滿滿一整片的翠綠苔蘚讓人印象深刻，只要看過一次就難以忘懷，稱之為日本最有名的賞苔地點也不為過。

火山葉蘚可在酸性溫泉中生長，這一點不同於一般苔蘚。

火山葉蘚公園裡有淡水河，也有酸性溫泉河。淡水河附近，有日本曲尾苔與緣邊走燈苔生長。

火山葉蘚聚集生長的這整個區域，都被設為公園加以保護，從春天到秋天都有美景可欣賞。春天有橘黃的蓮華躑躅與翠綠的火山葉蘚，初夏有雪白的四葉澤蘭與翩翩飛舞的大絹斑蝶搭配水嫩的綠苔，到了秋天則可欣賞紅葉與綠苔的鮮明對比。

附近也有梨葉白珠、山犁斗菜以及鹿蹄草葉白珠等高山植物可觀賞。

溫泉河兩旁有蓮華躑躅生長，岩石上則有鮮綠色的火山葉蘚附生。

←火山葉蘚形成卵形群落，並且往周圍擴展。

↓春季時分盛開於河川兩岸的蓮華躑躅，以及河邊的火山葉蘚。

←河階以及河川兩旁等地方，都有大量的火山葉蘚生長。

↓河邊滿滿一大片的火山葉蘚，前端的火山葉蘚脫離了溫泉的範圍向外擴展。

〈交通指引〉
從上信越汽車道的碓冰輕井澤交流道，銜接國道146號，開往長野原。在國道145號的新須川橋路口左轉，銜接國道292號。

俯瞰西丹澤的溪流，水是清澈的藍綠色，透明得讓人感動。

西丹澤
Nishi-tanzawa

可看到清澈的溪流與多種苔蘚

從首都圈比較方便前往的西丹澤，這裡有玄倉川、世附川、中川川等河流。河水冷冽而清澈，河中的岩石為白色花崗岩，因此整個河面波光瀲灩，光是看到這樣的景色，就能找回內心的平靜。

玄倉川常有落石事故發生，有多處為危險區域，最好要避開。世附川、中川川附近有可觀賞多種美麗苔蘚的場所。

從西丹澤遊客中心附近沿著清澈的河水往前走，就會看到河川與道路旁裸露的岩石，水從岩石滲出，在附近找一找，就會看到蛇苔、大葉鳳尾苔等苔蘚。

另外，在乾燥的岩石上，可看到白氏苔、梨蒴珠苔等種類的苔蘚形成群落。河裡的花崗岩上面，則有狹葉縮葉苔生長。

依季節而定，有時也能看到大花斑葉蘭等，可開出美麗花朵的寶石蘭。

大葉鳳尾苔的群落從岩壁垂下，被亮晶晶的冰柱所包覆。

此即梨蒴珠苔的大群落，葉片前端因稍微乾燥而捲曲。

→變色的大灰苔，部分已轉變為金黃色。

↓西丹澤也有多種山野草，女萎的種子有蓬鬆柔軟的絨毛。

〈交通指引〉
從小田急線的新松田站，搭乘富士急湘南客運谷58號、松62號、松66號、松75號，開往「西丹澤遊客中心」的路線，在終點站下車。

枯枝上有相當特殊的卵葉青蘚生長。

塔蘚覆蓋了林地上的石灰岩。

英國
The United Kingdom

生長在彼得兔的聖地
湖區的特殊苔蘚

　　從倫敦開出發車程約5小時，也就是北上大約400百公里，就能抵達湖區。

　　碧雅翠絲　波特女士的作品《彼得兔》深受全球讀者喜愛，說到這隻超人氣兔子的聖地是什麼樣的地方，各位讀者應該都能想像吧。

　　湖區當地有好幾座湖伯，四周則有森林圍繞，森林小徑整建完善，除了可觀賞許多苔蘚以外，還能同時進行森林浴。

　　在湖區附近的寧靜小鎮席維戴爾這裡，則是有日本人也很熟悉的藍鈴花等球根植物可欣賞。

　　城鎮周邊的森林與海岸線，都是由帶些微綠色的石灰岩所構成，再加上落葉堆積了很長一段時間，因而形成腐葉土，許多植物生長其中。樹木生長在大塊的岩石上，有如巨大的盆栽，石灰岩的表面與周圍有多種苔蘚可觀賞。苔蘚附生在枯枝上的模樣子就像是聖誕樹一樣，讓人看了心情愉悅。

塔蘚與爬牆虎一同茂密成長。

生長在石灰岩壁上的細葉真苔。

放牧飼養的小羊群到處跑來跑去。

義大利
Republic of Italy

日本人也很熟悉的苔蘚與雪割草以及盛開的原種仙客來

義大利有比薩斜塔等知名建築，以及威尼斯等美麗的城市。著眼於大自然，這裡也有許多原種的園藝植物可欣賞。

尤其是在義大利跟斯洛維尼亞交界處附近的高海拔地區，有雪割草的同類，藍紫色的三角草、純白的雪花蓮，以及數種聖誕玫瑰可欣賞。

義大利的森林不僅寒冷，濕度也很低，或許是因為這樣的緣故，生長在森林裡的苔蘚大多是短葉型。其中生長在原種仙客來所生長之岩地上的苔蘚，會形成黃綠色或暗綠色的圓形群落，凹凸不平地分散在岩地上，看起來十分可愛。

另外，在義大利海拔稍低的山區，可看到臭聖誕玫瑰，這是聖誕玫瑰的一種，葉子被揉碎時會產生臭味，故有此名。附近有隆起的石灰岩，石灰岩上面有苔蘚生長，就像是要覆蓋住岩石表面一樣。

若想要獨自一人，前往觀光景點以外的野外或山區，比較有困難，因此不妨報名參加賞花行程。

有著美麗翠綠色澤的大灰苔，幾乎覆蓋住林地上的岩石。

顏色稍微轉黃的梨蒴珠苔，明亮的綠色葉片十分美麗。

→細葉真苔形成厚實的群落，並且繼續生長。

↓雪割草的同類三角草，開出美麗的藍紫色花朵。

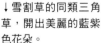

脆枝曲柄苔與細葉真苔，在岩石上形成群落生長。

森林裡面有草蘚等種類的苔蘚如同地毯般擴展成一大片。

斯洛維尼亞
Republic of Slovenia

顏色鮮明的綠苔與聖誕玫瑰等植物

斯洛維尼亞有多種高山植物生長，連綿不絕的高海拔山岳近在眼前，讓人感受到大自然的雄偉。

飲食方面也很特別，例如燉熊肉或野山羊湯等，有機會品嚐到野性風味十足的料理。

若是登上海拔將近2000公尺的地方，可在針葉林帶看到大家熟悉的聖誕玫瑰的突變種。聖誕玫瑰的花朵一般為白色，然而此地的突變種卻是粉紅色的花朵。在日本被稱為「粉紅聖誕玫瑰」的品種，是透過交配培育出的園藝品種，此地的突變種才是真正的粉紅聖誕玫瑰。

在這個粉紅聖誕玫瑰的原生地，也能看到雪割草的同類三角草，以及相當罕見的繖形科的Hacquetia等植物。這裡一整年的氣溫都不高，因此植株腳下有長葉型或長莖型的苔蘚生長。

在斯洛維尼亞，從城鎮出發很快就能到達山區或森林，有著各式各樣的苔蘚與高山植物可觀賞，這正是斯洛維尼亞的魅力所在。

↑芳香聖誕玫瑰在森林邊緣綻放，屬於聖誕玫瑰的一種。

←繖形科的Hacquetia在斜坡上盛開的模樣，讓人印象深刻。

聖誕玫瑰的突變種（粉紅聖誕玫瑰）在雪地中綻放。

Chapter 7

苔蘚栽培的
常見問題！
Q&A

Q1 苔蘚變成褐色該怎麼辦？

A 把枯掉的地方清除，保留新芽與綠色部分。

曝曬在強烈的陽光下或長期水分不足，都可能導致葉片損傷枯萎。要是只有少部分變成褐色，可將其移至半陰處，並用噴霧瓶給水看看。若症狀輕微，有時候是可以救回來的。

要是有一大半都變成褐色，就無法回復為綠色了，因此要把枯掉的地方剪掉清除。如果新芽，新芽處會長出葉子，修剪時需注意不要剪到新芽。

因陽光直射，而有多處變成褐色枯萎的生態瓶。

1 使用剪刀把枯掉的地方剪掉，深綠色的部分還活著，所以要保留。

2 有這麼多葉片損傷，變成褐色。

3 下方冒出了新芽，再過不久就會有葉片長出並舒展，所以要保留。

4 用噴霧瓶給水，把整個容器噴濕，蓋上瓶蓋，擺在遮蔭處照顧管理。

Q2 擺在室內的苔蘚乾掉了該怎麼辦？

A 用噴霧瓶給水，並包上保鮮膜，暫時維持濕度。

很多人家裡都有開空調，整年都會比外面來得乾燥。對苔蘚來說，冬天比夏天容易度過，若是在有開暖氣的房間裡，有時候苔蘚會因為乾燥而捲曲皺縮。

這種情況要用噴霧瓶來補充水分，接著立刻包上保鮮膜，用橡皮筋固定之後，暫時就這麼擺著。容器裡的濕度提升後，苔蘚就會恢復生氣，回復為綠色。使用保鮮膜時，不管是要包上去或拿下來都很容易，就算弄髒或濕掉也可以馬上更換。玻璃容器也好，半開口型容器也好，無論容器是大是小，保鮮膜都可以派上用場。若是時間不久，放進塑膠袋裡，並且把袋口封住，也是一個可行的做法。

要是苔蘚乾掉了，首先要用噴霧瓶把整盆苔蘚噴濕，但需注意不要讓苔蘚泡在水裡。

利用無腳白蘭地酒杯製成的生態瓶。葉片因為乾燥而皺縮，因此包上保鮮膜，並且用橡皮筋固定。

Q3 夏天出遊時該如何照顧苔蘚？

A 放進密封袋裡並封住袋口，擺在托盤上，放進冰箱冷藏。

種植苔蘚的適當溫度，跟我們感覺舒適的溫度差不多一樣。苔蘚就算耐得住冬季嚴寒，有時卻會因為夏季高溫與強烈日曬而枯萎。擺在有開空調的房間裡就不太會枯死，但要是家中無人，而苔蘚被擺在沒有空調的室內，那麼當你出遊返家，難免會發現憾事。

若是出門1週左右，建議要先把苔蘚放進冰箱冷藏。把苔蘚放進密封袋裡，封住袋口，擺在托盤上，放進冰箱冷藏。放進密封袋裡密封住，就能有效避免苔蘚乾掉。另外，有時會有蟲子混在苔蘚當中，因此密封之後才放進托盤裡，就不會有衛生上的疑慮。

成片的苔蘚要是沒有用完，出門旅遊時也同樣要放進密封袋裡保管。要是生態瓶的體積較大，沒辦法放進密封袋裡，可以用保鮮膜包住，或者裝進塑膠袋裡，接著放進冰箱冷藏。

放進密封袋裡並封住袋口，擺在托盤上，放進冰箱冷藏。

密封袋有多種尺寸。

成片的苔蘚要是沒有用完，就放進密封袋裡並封住袋口。

用噴霧瓶噴濕整個生態瓶。

▼

把生態瓶裡面的苔蘚噴濕後，放進密封袋裡並封住袋口。

不知何時長出了白色霉菌。苔蘚會長出的霉菌，主要有白色霉菌與黑色霉菌這2種。

Q4 苔蘚發霉了該怎麼辦？

A 把發霉的地方剪掉，或者用酒精擦拭。

1 酒精要使用濃度70％以上的乙醇，濃度太低則效果不足。

2 撕下廚房紙巾並纏繞在鑷子前端，沾上 **1** 的酒精之後用來擦掉霉菌。

許多苔蘚都喜愛高濕度的環境，尤其生態瓶與生態缸多半使用有蓋容器，就算有適當管理，有時仍不免會發霉。平常就要仔細觀察，盡量在發霉初期著手處理。要是只有葉片稍微變白，可撕下廚房紙巾纏繞在鑷子前端，接著沾上酒精，就能用來擦掉霉菌。

要是霉菌早已擴散，就用剪刀剪掉發霉腐爛處。如果整盆苔蘚都發霉了，雖然可惜但也只好丟棄。

Q5 苔蘚的芽長太高該怎麼辦？

A 從基部剪掉過高的芽，移植到別的地方。

許多人喜歡的東亞萬年苔跟暖地大葉苔，成長時會從下方冒出新芽，要是新芽長得比苔蘚還高，就會破壞整體的平衡，這是種在有蓋容器裡常會發生的狀況。如果可以繼續種在同一個容器裡，就從基部剪掉新芽，並用鑷子深深地插進栽培用土中，移植到別處。若同一個容器裡已經沒有地方種，就在另一個容器裡倒入栽培用土來種。

Before

生態瓶裡的東亞萬年苔，冒出許多長長的芽。

After

剪掉新芽並且給水、整理過後，又恢復了剛種好時井然有序的狀態。

1 用剪刀從基部剪掉過高的芽。

2 用鑷子夾出剪斷的芽，不能讓其留在容器裡。

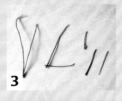

3 用剪刀把所有的芽都剪掉，把過高的芽種到另一個容器裡。

4 用鑷子把整個生態瓶整理一下，接著用噴霧瓶給水就完成了。

Q6 種在苔球上的蕨類枯萎了該怎麼辦？

A 只要不是完全乾掉就還活著。

　　喜愛潮濕陰暗處的蕨類，跟苔蘚偏愛的生長環境相仿，很適合種在一起，所以蕨類適合種在苔球上。然而蕨類不如苔蘚耐寒，要是氣溫降到5度以下，葉子就會枯萎。不過並不是從根部枯死，只要保持適當的濕度，等到隔年春天氣溫上升，就會再長出新葉。

　　就算葉子枯萎也不要把它丟掉，光是只有苔球也很好看，可藉由減少給水量來照顧管理。要是完全乾掉，植株就會因此而枯死。如果蕨類的葉子枯萎了，可將葉子從基部一帶剪掉，放著不管可能會因此而發霉。

　　苔球的給水量，只要1天能吸收掉的量就可以了。另外要注意的是，蕨類沒有地上部的時候，所需水量也會減少。

正值生長期的卷柏有著美麗的綠葉。

地上部因冬季來臨而枯萎，要把枯葉從基部一帶剪掉。

Q7 想把種植苔蘚的盤子或苔盆換地方擺該怎麼辦？

A 整盤放進托盤裡，或用保鮮膜包起來再移位。

　　利用盤子或扁型保鮮盒等器皿製作苔盆時，有時在完工後想要移到其他地方作為擺飾而挪動器皿，卻一個不小心碰壞或者讓砂礫灑出來。好不容易做得漂漂亮亮的，誰都希望能安全地移到想要擺的位置吧。

　　要是容器邊緣還有些許空間，可以把它移到整個容器都放得進去的托盤裡，拿著托盤移位。不過，這個方法僅限於家中等短距離的移位。

　　要是想挪到有點遠的地方，或者是種在盤子等淺型容器裡的情況，可先給水使其穩固，然後用保鮮膜整個包起來，確定裡面的苔蘚跟砂礫的位置不會跑掉，放進托盤裡移位。

家中等短距離的移位，而且容器邊緣還有空間，可放進托盤裡移位。

容器為淺盤而且要挪到遠處時，可先把整個容器噴濕使其穩固。

用保鮮膜包起來，確定位置不會跑掉，才放進托盤裡移位。

123

Q8 從苔蘚中冒出來歷不明的植物時該怎麼辦？

A 除了特殊情況以外 都要盡快用鑷子拔除。

有時會有來歷不明的植物，從苔球、生態瓶或組盆裡的苔蘚當中冒出頭來，這種情況大多是掉落在苔蘚中的雜草種子發了芽，一看到就要馬上拔除，以免雜草越長越大，影響到盆裡的苔蘚或植物的生長。要是雜草在裡面生根立足，可能會難以拔除。常見的情況是從苔蘚當中長出菌菇，菌菇會妨礙苔蘚生長，必須馬上清除。

從生態瓶裡冒出頭來的小草大多是雜草，必須馬上拔除以免越長越大。

1 有新芽從製成苔球的齒瓣虎耳草腳下冒出頭來。

2 用鑷子連同根部夾住後拔除，小心不要弄斷。

3 若拔掉新芽的地方有苔蘚損傷腐爛，就拿少量新的苔蘚重種。

Q9 跟苔蘚種在一起的植物該如何照顧？

A 把乾枯或損傷腐爛的部分清除，並持續觀察一陣子。

只在密閉容器裡栽種單一種苔蘚是最省事的做法，苔蘚的種類越多，就越需要仰賴經驗來管理。就算是有園藝栽培經驗的人，在一開始把苔蘚跟其他植物合種在一起，也難免會手足無措。雖說要盡量選擇生長環境相同的植物來跟苔蘚合種，但有時只是因為給水方式，或放置地點等些微差異就長不好，仔細觀察以決定如何管理。要是有枝葉損傷腐爛，就要盡快清除，換個地方擺放並且調整水量，然後持續觀察。

把大灰苔跟百里香種入圓形烤盅，並置於半日照之處，結果百里香因為日照不足而長不好。

1 剪掉百里香損傷腐爛的部分，保留新芽。

2 把長高了的苔蘚剪掉一點，填補在缺口處。

3 把盆栽移到更明亮的地方來種。

Q10 如何讓苔蘚在石頭上附著生長？

A 如果是白氏苔或南亞白髮蘚，可用接著劑黏在石頭上。

大概有很多人都想營造出苔蘚附生在石頭上的自然景象吧，本書要介紹的方法是使用接著劑，不費功夫、不花時間就能把苔蘚漂亮地黏在石頭上。瞬間接著劑跟水產生反應就會變硬，因此在進行這項作業前，要先把苔蘚整個噴濕。適合採用這個方法的苔蘚有梨蒴珠苔、南亞白髮蘚、白氏苔，以及狹葉縮葉苔等。

需要準備的物品
花盆（直徑8.5cm、高5.3cm）、
硬質赤玉土（小粒）、石頭、
砂礫（著色大理石）、盆底網、
膠狀的瞬間接著劑、園藝剪刀、
園藝鑷子（附扁匙）、澆水瓶、
筒型鏟
苗／白氏苔（適量）

在石頭上黏了白氏苔的盆栽（請參考P.63）

1 在盆底放入盆底網。

2 在 1 裡面倒入栽培用土，直到距離上緣 2 公分左右的地方為止。輕輕搖晃容器，把表面弄平。

3 決定石頭的上下面分別是哪一面，配合苔蘚的大小，在石頭的上面塗抹膠狀的瞬間接著劑。

4 事先把苔蘚噴濕，迅速將苔蘚的假根部分黏在 3 的上面。

5 另一處也同樣黏上苔蘚。

6 暫時就那麼放著，等到變硬之後，用剪刀調整苔蘚的大小。

7 把 6 擺在 2 的上方，在栽培用土的地方鋪設砂礫。

8 接著幫整個盆栽澆水，就完成了。

［參考文獻］
《苔の本》（大野好弘・グラフィス）
《苔の本Ⅱ》（大野好弘・エクスプレス・メディア出版）
《コケを楽しむ庭づくり》（大野好弘・講談社）
《らくらくメンテで長く楽しむ苔テラリウム》（大野好弘・誠文堂新光社）

Afterword

在本書製作期間，
我們身處的世界有了翻天覆地的變化。
我衷心期盼能透過本書，
讓苔蘚為各位讀者帶來些許平靜。

2022年3月　大野好弘
Yoshihiro Ohno

國家圖書館出版品預行編目資料

綠意盎然的微型庭園：苔蘚園藝指南 / 大野好
弘作；殷婕芳譯. -- 初版. -- 新北市：楓葉社文
化事業有限公司, 2024.01　面；　公分

ISBN 978-986-370-636-6（平裝）

1. 盆栽　2. 觀賞植物　3. 苔蘚植

435.11　　　　　　　　　112020517

【作者介紹】

大野好弘　Yoshihiro Ohno

園藝研究家、World Hepatica Laboratory
代表人。研究山野草、苔蘚，以及全球的獐
耳細辛屬的植物等。以生態瓶手作課程講師
的身分，在大學、植物園以及文化中心等多
處活躍中。曾在東京電視台《電視冠軍極～
KIWAMI～》節目中的〈苔蘚箱庭王錦標
賽〉單元擔任裁判。另外，使用苔蘚與山野
草進行園林景觀設計與施工。著有《苔の
本》（グラフィス）、《苔の本Ⅱ》（エクスプ
レス・メディア出版）、《コケを楽しむ庭づく
り》（講談社）、《雪割草の世界》（エムピー
・ジェー）等書。此外，也以水族箱達人的身
分，建立深海珊瑚的一套培育法，著有《ザ・
陰日性サンゴ》（誠文堂新光社）。

STAFF

裝幀·內文設計／矢作裕佳（sola design）
DTP／明昌堂
照片·影片攝影／柴田和宣（主婦の友社）
　　　　　　　　大野好弘（P.99～118和原生地）
影片製作／柴田和宣（主婦の友社）
取材協力／竹扇、前島光恵、澤泉美智子
插畫／岩下紗季子
企劃·編輯／澤泉美智子（澤泉ブレインズオフィス）
編輯／松本享子（主婦の友社）

綠意盎然的微型庭園
苔蘚園藝指南

出　　　版／楓葉社文化事業有限公司
地　　　址／新北市板橋區信義路163巷3號10樓
郵 政 劃 撥／19907596　楓書坊文化出版社
網　　　址／www.maplebook.com.tw
電　　　話／02-2957-6096
傳　　　真／02-2957-6435
作　　　者／大野好弘
翻　　　譯／殷婕芳
責 任 編 輯／詹欣茹
校　　　對／邱凱蓉
內 文 排 版／楊亞容
港 澳 經 銷／泛華發行代理有限公司
定　　　價／360元
初 版 日 期／2024年1月